명상이나 최면 상태에서 전생을 본다는 게 정말 가능한 얘긴가요?

스님들을 비롯한 수도자들은 명상이나 직관을 통해서 자신의 전생뿐 아니라 다른 이의 전생도 보고 충고를 해주는 경우가 종종 있습니다. 저는 그동안 많은 사람들을 상담하면서 최면을 통한 전생 퇴행이 꼬인 인생길을 풀고 보다 행복한 삶을 살 수 있도록 하는 훌륭한 수단임을 확인해 왔습니다.

평범한 사람이 혼자 전생 퇴행을 하다가 혹시 잘못되는 일은 없을까요? 두렵습니다.

정신적으로 몹시 불안정한 상태에 있는 분이나 미성년자는 안 하는 것이 좋습니다. 그러나 그 외에 자신을 보다 깊이 이해하기를 원하는 분이라면 누구나 안심해도 됩니다. 최면에 깊이 들어가도 자신이 원하면 깨어날 수 있는 데다가 이완 상태에서 보호령을 맞이하는 방법이 이 책에 상세히 실려 있으니까요.

지금 여기에서의 생활은 바쁘고 힘이 듭니다. 전생을 안다는 게 과연 의미 있는 일입니까?

인간이 정신적으로, 영적으로 성장해야 한다는 사실을 받아들인다면 전생 탐구를 성장을 위한 새로운 수단으로 받아들일 수 있을 겁니다. 전생의 기억을 되찾는다는 것은 곧 보다 완전한 의식을 갖춘다는 의미이기 때문이지요. 그것은 체험자 자신에게 깊고 풍부한 성찰의 재료를 제공하고 미처 깨닫지 못한 정보를 얻을 수 있게 합니다. 그러한 속에서 현재의 문제를 푸는 열쇠를 발견할 수도 있지 않을까요?

그럼 이 책에서 제시하는 방법만 충실히 따르면 누구나 자신의 전생으로 갈 수 있는 건가요?

모든 사람이 똑같이 최면에 잘 걸리는 것은 아닙니다. 몇 초, 혹은 몇 분 정도의 짧은 시간에 깊이 들어가는 사람이 있는가 하면, 어떤 이는 심신의 이완조차 되지 않아 애를 태우기도 합니다. 그러나 저는 책의 내용대로 연습하면 비교적 쉽게 전생 경험을 하는 독자가 더 많으리라고 확신합니다.

다음에 펼쳐질 네 장의 사진으로 당신은 전생으로 가는 통로를 보게 됩니다.

심신의 깊은 이완 후에 당신은 이 엘리베이터를 타게 됩니다.
고요하고 아늑한 품속으로 천천히 내려갑니다.

엘리베이터의 문이 열리면 이곳 들판이 펼쳐집니다.
시냇물 소리가 부드럽게 흐르는 들판에서
당신은 향긋한 흙의 감촉을 느끼며 걷습니다.
사랑하는 이를 만날 수도 있습니다.

들판에서 만난 누구라도 좋습니다.
사랑하는 이도 좋고, 당신이 평소 경건하게 두 손 모았던
절대자도 좋습니다. 그는 당신의 보호령이 되어 줍니다.
당신의 온몸은 그의 빛으로 감싸입니다.

들판 끝에는 동굴이 있습니다.
두려워 말고 들어가십시오. 보호령이 당신을 지켜 줍니다.
동굴 끝에 이르면 비로소 생생히 보일 것입니다.
사랑과 회한으로 건너온 생,
현재 삶의 아련한 뿌리.
바로 당신의 전생입니다.

설 교수가 안내하면 혼자서도 전생 가기 참 쉽다

| 머리말 |

전생을 안다는 것,
자신을 이해하는 가장 빠른 길

오늘날 우리 사회에서는 전생에 대한 관심이 부쩍 커졌다. 1990년대 후반 최면에 의한 전생 퇴행 기법이 소개된 이후 전생 탐구와 경험에 대한 다양한 책자가 등장하고 매스컴의 보도가 크게 늘어난 것은 이제 하나의 시대적 추세로 자리를 잡은 것 같다.

'전생은 과연 존재할까? 그것은 단순히 허구가 아닐까? 특히 최면에 의한 전생 경험이라는 것은 유사 기억이 아닐까? 어떻게 하면 전생을 알 수 있고, 또 전생을 앎으로써 어떤 도움을 받을 수 있을까?'

요즘 많은 사람이 이와 같은 질문을 하면서 전생에 대해 관심을 보이고 있다.

나는 그동안 최면과 전생 퇴행을 통해 많은 사람을 상담하면서 전생을 알고 **전생 경험을 해보는 것이 인생의 문제들을 해결하여 보다 건강하고 행복**

한 삶을 사는 인생의 지혜를 얻고, 영적 진화를 이루는 훌륭한 수단임을 확인해 왔다. 그래서 기회 있을 때마다 전생에 대한 이야기를 하고 전생 퇴행 기법을 소개하기도 했다. 하지만 다른 한편으로는 전생에 대한 이야기는 미신에 불과하며 심지어는 혹세무민하는 것이라고 혹평하는 비판까지 접해 왔다.

물론 그러한 비판에는 나름대로 일리가 있다고 생각하면서도 전생을 아는 것에는 부정적인 면보다 긍정적인 면이 더 많음을 확신하고 있다. 또 많은 경험자들이 나의 이러한 확신을 뒷받침해 주고 있다.

전생에 대한 사람들의 호기심이 커져 갈수록 어떻게 하면 전생을 알 수 있는지 그 방법을 물어 오는 사람도 많아졌다. 사실 전생을 탐구하고 경험하기 위해서는 전문가의 도움을 받는 것이 바람직하지만, 여건상 그렇게 하지 못하는 일반인의 입장에서는 전생을 알아볼 수 있는 손쉬운 방법을 원하는 것이 당연하다.

그래서 나는 전생에 대한 이론서가 아닌 전생을 탐구하고 경험할 수 있는 방법을 알려 주는 지침서가 필요하다고 생각하게 되었다. 이런 생각 때문에 **이 책에서는 전생 탐구에 대해 흥미를 가진 사람이 보다 용이하게 전생을 접할 수 있도록 구체적인 방법을 소개**하고 있다. 따라서 전생의 존재 유무나 전생 경험의 타당성과 같은 문제들은 다루지 않겠다. 독자들은 이 책에서 소개하는 방법에 따라 연습하노라면 자신의 전생을 알고 이해하는 데 도움을 얻을 것이다.

사실 스님을 비롯한 수도자들이 명상이나 직관을 통해서 자신의 전생뿐만 아니라 남의 전생도 보고 충고를 해주는 경우가 왕왕 있다. 그리고 역학으로나 사주팔자로도 전생을 알고 도움을 받는 경우가 있다. 그러나 내 경험으로는 **전생을 아는 방법 가운데 최면에 의한 것이 가장 효과적**이다. 왜냐하면 그것은 막연히 전생을 아는 것이 아니라 전생을 경험할 수 있는 방법이기 때문이다.

그런데 **모든 사람이 다 똑같이 최면에 잘 걸리는 것은 아니다.** 몇 초 내지 몇 분 정도의 아주 짧은 순간에 최면에 들어가는 사람이 있는가 하면, 최면에 쉽게 걸리지 않아 애를 태우는 사람이 있다.

이러한 개인차는 최면 감수성이라는 개념으로 설명할 수 있는데, 이 책의 방법들 역시 바로 그러한 개인차에 따라 다양하게 경험될 수 있음을 미리 밝혀 둔다. 다시 말하지만, 책의 내용대로 연습하여 비교적 쉽게 전생 경험을 할 수 있는 독자도 그렇지 않은 독자도 있을 수 있다. 그러나 잘 되지 않는 사람도 꾸준히 연습하고 실습하기를 권한다.

무엇이든지 처음 해보는 것, 처음 가는 길은 낯설고 서툴게 마련이다. 바로 그때 필요한 것이 지침서와 안내서이다. 물론 가장 좋은 것은 유능한 경험자로부터 직접 안내받는 것이기는 하지만 말이다.

전생을 안다는 것, 그것은 자신을 이해하는 가장 빠른 길이다. 전생은 자신의 현재 삶의 조건이나 형편을 이해할 수 있는 하나의 자료가 되고 수단이 된다.

혹자는 전생에 관심을 갖는 것은 현재를 무시하고 과거에 집착하는 태도라고 하는데, 그것은 오해다. 전생에 대한 관심은 과거에 집착하는 것이 아니라 오히려 **현재를 이해하여 보다 나은 삶을 위한 지혜와 교훈을 얻고자 하는 것**이다.

특별히 이 책에서는 혼자서 전생 체험을 해보고 싶은 이를 위해 **전생 퇴행 유도 테이프**를 부록으로 실었으니 이를 이용하면 자기 최면 효과를 얻을 수 있을 것이다. 그러나 **이 책이나 테이프를 장난삼아 사용하지 말기를 당부한다. 혹시라도 전생 탐구 과정에서 영적인 작용이 가해져서 뜻하지 않은 부작용이 생길 수도 있기 때문이다.**

특히 영적으로나 심리적으로 건강하지 못한 사람, 미성년자는 전문가나 경험자의 지도를 받아 전생 퇴행을 해야 한다. 그러나 진정으로 자기를 이해하고 보다 성숙한 삶을 누리고자 하는 마음과 도를 닦는 마음으로 이 책을 읽고 접근한다면 염려할 필요가 없다.

사람들은 21세기 새 천년을 '영성의 시대'라고 부른다. 이러한 때에 전생을 안내하는 이 책이 많은 이의 영성을 한 차원 높여 주고 보다 건강한 삶을 살도록 하는 데 도움이 되기를 바란다.

이 책을 위하여 전생 탐구의 필요성과 가치에 대해 좋은 글을 보내 준《유명한 사람들의 전생 이야기》(도솔출판사 간행)의 저자 미국의 데이비드 벵슨에게 감사한다. 그는 늘 남다른 통찰력과 영감으로 많은 이에게 깊이 있는 영적 지혜를 제공해 주고 있기에 그의 글 역시 특별한 메시지로 각인될 것이라고 믿는다.

그리고 외국에서 발간되는 많은 전생 안내서를 참고하는 과정에서 《유명한 사람들의 전생 이야기》를 번역한 서민수 씨가 여러모로 힘이 되어 주었다. 그의 관심과 열의가 큰 힘이 되었기에 감사하는 바이다. 마지막으로 이 책을 펴내는 데 아낌없는 도움을 준 도솔출판사의 여러분에게도 감사를 전하며, 독자 가운데 전생 탐구에 관하여 의문이 있거나 좋은 이야기를 나누고 싶은 분은 kmseol@daunet.donga.ac.kr로 이메일을 보내기 바란다.

contents
전생 가기 참 쉽다

◆ 머리말 15

1장 전생 탐구를 위한 준비

1. 쉬어라, 깊고 편히 25
2. 전생의 기억은 어떻게 떠오르나 27
3. 전생의 기억이 떠오른 다음에는 30
4. 전생 탐구의 기본 규칙과 준비 32
5. 전생 탐구 일지 36

2장 혼자 하는 전생 탐구법

1. 현재 분석을 통한 전생 탐구
   영혼이 들려주는 이야기 41
   내면의 울림과 퍼즐 맞추기 43
2. 상상을 통한 전생 탐구
   마음이 끌리는 나라를 통한 전생 유도법 79
   마음이 끌리는 지역을 통한 전생 유도법 81
   백일몽을 통한 전생 유도법 83
3. 기구를 이용한 전생 탐구
   점막대 이용법 92
   펜듈럼 이용법 98
   손가락 이용법 101
   거울 이용법 102
   수정구 응시법 102
   색인 카드 기법 107
4. 꿈을 통한 전생 탐구
   심신 이완을 통한 꿈 기억법 111
   꿈 기억력을 높이기 위한 힌트들 112
   전생꿈 꾸기 훈련법 114
   전생꿈 지속법 116
   명석몽 꾸는 법 118
   꿈 기록법 120
   꿈 해석법 121
   꿈 메시지의 적용 123

5. 자기 최면법
   집중력 훈련 126
   시각화 훈련 128
   자기 최면 전의 안전 조치 129
   자기 최면의 준비 단계 133
   자기 최면시의 힌트와 유의 사항 133
   자기 최면 기법 135
   자기 최면 유도문을 작성하는 방법 149
   자기 최면 유도문의 예 152
   자기 최면을 끝낸 다음에는 162

3장 둘이 하는 전생 탐구법

1. 유도 최면
   동반자 선택하기 168
   유도 최면의 9단계 169
2. 유도 마사지 기법 174
3. 복합적인 전생 퇴행 유도 기법
   준비 단계 179
   사전 명상 단계 180
   연령 퇴행 유도 단계 183
   전생 들어가기 185

◆ 전생 탐구에 관하여 189

1장
전생 탐구를 위한 준비

1. 쉬어라, 깊고 편히

영혼의 모든 기억을 되찾고 싶다면 쉬어야만 합니다. 머리를 식히고 마음을 가라앉힌 다음 모든 걱정 근심을 버리십시오.

영원 속에서 당신의 모든 자잘한 일상은 한 편의 드리마일 뿐입니다. 마음이 쉬는 데 방해가 되는 걱정과 긴장, 집착 따위를 놓아 버리십시오. 그리고 당신의 보금자리로 깊이 들어가십시오. 마음을 알파파 상태, 명상 상태, 관조 상태로 만들었을 때에만 진지하게 전생 탐구를 시작할 수 있습니다.

깊고 편히 쉬는 상태에서 다음과 같이 자신에게 암시를 거십시오.

'전생을 기억하는 것은 쉬운 일이다. 전생에 겪었던 사건과 감정과 경험 들을 알고 싶고 이해하고 싶다. 나는 전생과 관련하여 중요한 모든 것을 기억할 수 있다. 전생의 기억이 현재의 내게 도움이 되고 통찰력과 이해력을 줄 것이다. 그리고 전생의 기억을 통해 현재 일어나고 있는 사건들의 배경을 이해할 수 있다. 전생의 기억이 자연스럽게 열리고 나는 그것들을 의식하고 이해할 것이다.'

 원하기만 한다면 알고자 하는 정보를 토대로 해서 자신만의 암시문을 만들 수 있습니다. 기억하고자 하는 내용을 분명히 밝히고 강력하고 긍정적인 단어들을 사용하여 자신에게 가장 편하게 느껴지는 어구로 구성하는 것입니다.

 잠재의식은 가장 생생한 이미지에 반응하도록 되어 있습니다. 암시문에는 '나는'이라는 말을 반드시 집어넣어 보다 개인적이며 직접적인 표현이 되도록 하십시오. 긍정적이고 의욕적인 마음가짐, 자신감, 편안한 마음 상태, 분명한 암시가 함께 갖추어질 때 자연스럽게 자세한 전생의 기억이 떠오를 것입니다. 암시문은 종이에 써서 눈에 띄는 곳에 붙여 놓거나 갖고 다니면서 생각날 때마다 들여다보는 것도 좋은 방법입니다.

2. 전생의 기억은 어떻게 떠오르나

　기억의 문을 열면 전생의 실제 사건이 아닌 기억 속에 고여 있던 감정이 가장 먼저 떠오릅니다. 기억은 감정을 통해 저장되기 때문입니다. 전생의 기억은 과거의 경험과 비슷한 현재의 상황으로 인해 떠오를 수 있으며, 경우에 따라서는 과거의 사건에 대한 자세한 기억 없이 감정만 느껴지기도 합니다.

　때로는 전체적인 기억이 떠오르기 전에 상징이나 이미지를 먼저 느낍니다. 왜냐하면 이 표면의식과 잠재의식이 공조해 나가는 방법을 터득해 가는 과정중에 있기 때문입니다. 표면의식과 잠재의식에서 나오는 정보와 시각은 서로 다르므로 전생 탐구는 마치 퍼즐 맞추기와 같이 진행됩니다.

처음에는 기억의 한 장면이 희미하게 잠깐 나타났다가 사라지면서 감질나게 만듭니다. 그리고 번개 같은 속도로 눈앞을 스치고 지나가 이해의 범위를 벗어납니다. 이것은 뭔가를 생각해 내려고 하는데 쉽게 기억나지 않아 안절부절못하는 상태와 같습니다.

이처럼 전생의 기억이 당신과 숨바꼭질을 벌이기 시작하면 마음을 편안하게 하고 기다려야 합니다. 억지로 생각해 내려는 노력을 하지 말고 여유를 갖고 다른 것을 생각하고 있으면 저절로 그것이 튀어나올 것입니다. 잠재의식은 억지로 밀어붙이거나 강요하는 것을 싫어합니다.

전생의 기억이 동터 오기 시작하면 현재의 삶과는 무관한 기억이나 감정의 파편 들이 떠오르기 시작합니다. 현재의 상황으로 인해 과거의 기억이 발동될 때, 처음에는 그것이 현재와는 전혀 관계없는 것처럼 느껴지기도 하고 때로는 과거생의 이미지가 시각적으로 보이기도 합니다. 또 화인을 찍듯 강렬한 감정적 충격을 동반하면서 나타날 수 있습니다.

하지만 보통의 경우 전생의 기억은 '이것이 바로 전생의 기억이다' 라고 선포하면서 떠오르지 않습니다. 전생의 기억은 대부분 오히려 조용하게 떠오르기에, 우리는 그 기억에 대한 자신의 반응을 통해서야 어렴풋이 그것이 전생의 기억임을 인식할 수 있습니다.

전생의 기억이 떠오르면 이미지와 감정을 생생하게 보고 느끼는 수준에 따라 전생의 사건과 감정을 기억하거나 재경험할 수 있습니다.

단순한 기억일 경우에는 장면이 아닌 감정만 느낄 수 있습니다. 그러나 재경험일 경우에는 완전히 그 장면에 몰입하여 감정을 느낄 뿐만 아니라 사건 속으로 들어가게 됩니다. 그렇게 되면 주변에서 벌어지는 상황을 보고, 듣고, 만지고, 볼 수 있습니다. 과거가 아닌 현재 벌어지고 있는 일을 겪듯이 말입니다.

기억의 문이 열리기 시작하면 그것들을 억지로 이끌어 내려고 하지 마십시오. 또한 자신의 기억을 제한하지 않도록 주의하십시오. 하늘과 땅이 놀랄 만한 진실이 밝혀지기를 기대했다가 보잘것없는 정보만 얻었다고 실망하지도 마십시오. 전생의 기억은 당신에게 가장 적합한 방법으로 자연스럽게 떠오를 것입니다.

3. 전생의 기억이 떠오른 다음에는

일단 기억이 떠오르면 그것을 섣불리 현재의 삶과 연결 지으려고 하지 마십시오. 알파파 상태를 계속 유지하고 있으면 그러한 연결성은 저절로 밝혀지기 때문입니다.

전생 명상이나 최면을 끝낸 상태라면 명상이나 최면중에 본 이미지와 감정을 기록해 두는 것이 좋습니다. 그 정보를 논리적으로 짜 맞추고 싶으면 의식이 합리적이며 이성적인 표면의식 상태로 돌아올 때까지 기다립니다.

섣불리 그 기억을 의심한다면 이미지와 감정을 분석하는 통에 결국 다시금 망각의 늪에 빠져 들게 됩니다. 알파파에서 전달되는 정보는 알파파 상태에서만 이해할 수 있습니다. 그러므로 베타파 상태에서 이해하고자 노력한다면 해석하는 와중에 귀중한 정보가 모두 사라져 버리고 말 것입니다. 일단은 내면의 직관을 믿고 받아들이십시오. 그러면 언젠가는 자신의 기억을 이해하고 전생을 보다 구체적으로 알게 됩니다.

이런 면에서 자기 신뢰는 전생 기억의 초석과 같습니다. 내적인 지식을 신뢰한다면 진실을 발견하게 될 것이며, 설령 의심스럽더라도 그것을 표면의식의 정상적인 반응으로 이해하고 지나가십시오.

어찌 보면 이러한 의심은 기억을 되찾아가는 정상적인 길에 들어섰음을 알려 주는 좋은 징조일 수도 있습니다. 우리가 잠재의식에 들어설 경우, 표면의식이 기존의 주도권을 빼앗기지 않으려고 여러 가지로 방해할 수 있기 때문입니다.

전생의 기억에 대한 증거를 얻으면 이름과 지명, 날짜, 역사적 자료 따위를 찾아봅니다. 전생의 기억이 비교적 최근의 것이라면 역사적 사실로 자신의 기억을 확인해 볼 수 있습니다. 또한 운이 좋으면 전생의 단서를 갖고 역사적 자료를 찾다가 전생을 재경험하게 되어 전생에 대한 이해가 더욱 깊어지기도 합니다.

4. 전생 탐구의 기본 규칙과 준비

전생을 탐구하려면, 우선 내면의 여행을 신뢰하여 새로운 자각이 자신을 더욱 충만하고 완전한 인간으로 이끌어 준다고 믿어야 합니다. 두 번째로는 모든 것을 성장하고, 배우고, 통찰하는 데 도움이 되도록 유익하게 이용할 줄 알아야 합니다. 세 번째로는 자신의 직관을 믿어야 하는데 말하자면 심령, 정신, 영혼, 감정, 육체가 들려주는 소리에 귀기울이고 존중할 줄 알아야 하는 것입니다. 마지막 네 번째로는 자신의 감정을 믿어야 합니다. 울음을 터뜨리거나 웃음이 터져 나오는 깊은 감정적 체험은 고여 있던 에너지를 해방시키고 상처를 치유합니다. 감정을 풀어놓으면 자기 자신을 해방시킬 수 있습니다.

전생 탐구를 위한 최면이나 명상에 들어가기 전에 명상 음악을 들으면 마음을 진정시키고 변이의식 상태에 들어가는 데 도움이 됩니다. 변이의식 상태란 정상적인 의식 상태가 아닌 변화된 의식 상태를 이르는 것으로 명상, 최면, 꿈, 약물 등으로 만들어질 수 있습니다. 물론 사람에 따라서는 이런 것들의 도움 없이 이루어지기도 합니다. 다만 이때 가사나 목소리가 나오는 음악 혹은 따라 부르고 싶어지는 흥겨운 음악은 가능한 한 피해야 합니다.

또 자신의 여행 과정을 녹음할 녹음기를 준비해 두는 것이 좋으나, 여의치 않으면 전생 여행에서 깨어나는 즉시 종이에 전생 경험을 적어 둡니다.

전생 탐구의 각 과정은 자신이 믿는 신이나 부처님께 드리는 기도와 축복으로 시작하는 것이 좋으며, 탐구의 방법이나 방향을 결정하기 전에 자신에게 다음과 같은 질문을 던지는 것이 유익합니다.

1) 꿈속에서 항상 방문하는 곳이 있는가?
2) 결코 가고 싶지 않은 곳이 있는가?
3) 동질감을 느끼며 연구해 보고 싶은 시대가 있는가?
4) 특별히 지켜보거나 참가하고 싶은 활동이나 피하고 싶은 활동이 있는가?

5) 부정적으로 느껴지는 지역이 있는가?

6) 마음이 끌리는 지역이 있는가?

7) 관심이 가거나 마음이 끌리는 사람이 있는가?

8) 인종적·종교적·사회적으로 피하고 싶은 사람이 있는가?

9) 평생에 걸쳐 두려워하는 것이 있는가?

10) 특별히 좋아하는 음식이 있는가?

11) 태어날 때부터 앓아 온 질병이 있는가?

12) 어린 시절부터 있어 온 상습적인 문제나 감정적인 문제가 있는가?

13) 보자마자 친밀감이 느껴졌던 사람이나 처음 본 순간 거부감이 느껴졌던 사람이 있는가?

14) 기시감을 체험한 적이 있는가?

15) 아이들에게서 전생의 이야기를 들은 적이 있는가?

16) 특정한 시대나 장소에 대한 꿈을 반복적으로 꾸는 편인가? 꿈속에서 자신도 모르는 언어로 이야기한 적이 있는가?

위의 질문에 답을 하다 보면 자신의 전생을 탐구하거나 이해하는 데 도움이 됩니다. 예를 들어 꿈속에서 항상 방문하는 곳이나 반복적으로 꾸는 꿈은 전생에 살았던 곳, 또는 전생의 생활과 관계된 내용일 가능성이 큽니다. 무의식에 남아 있는 전생 기억이 꿈을 통해 나타나는 것입니다.

어느 여고생은 교환 교수로 근무하게 된 아버지를 따라 가족과 함께 미국 콜로라도주에서 1년 간 생활한 적이 있습니다. 여학생은 그곳에서 유난히 인디언의 삶에 대해 관심을 가졌고 여자임에도 불구하고 물고기를 잡거나 등산하는 일을 즐겼습니다. 그런데 왠지 남미 계통의 사람들을 싫어했습니다. 자신조차 그 이유를 알 수 없어 이상하게만 여겨졌습니다. 후에 필자에게 전생 퇴행을 받는 과정에서 그녀는 17세기에 콜로라도 지역에서 살았던 인디언이었으며, 남미 쪽에서 쳐들어온 군대 때문에 고통을 겪었던 기억을 떠올렸습니다. 그 기억을 통해 그녀는 자신의 인디언 취향과 특정한 인종에 대한 혐오감의 배경을 이해할 수가 있었습니다.

그러므로 앞의 질문 하나하나는 전생 탐구 차원에서 의미 있는 것입니다. 물론 어느 한 질문에 대해 특정한 대답을 한다고 해서 그것이 반드시 전생의 기억이라고는 말할 수 없습니다. 왜냐하면 여러 가지 내용을 종합하여 해석해야 하기 때문입니다. 속단은 금물이며 전체적으로 볼 줄 아는 안목과 이해가 필요합니다.

5. 전생 탐구일지

 대부분의 전생 탐구 전문가들은 일지를 만들어 전생의 기억에 대한 자신의 믿음, 아이디어, 생각, 느낌, 감정, 관련 있는 경험 등을 일일이 적어 두라고 권합니다.
 이 책에서 소개할 현재 분석법, 상상법, 기구 이용법, 자기 최면법, 유도 최면법 등을 실행하여 전생의 이미지가 떠오르기 시작하면 그 정보들이 설사 불분명하거나 연관성이 없는 것처럼 보이더라도 빠짐없이 일지에 적어 두십시오. 그렇게 정보를 기록하고 갖가지 단서를 연결 지어 나가다 보면 전생에 대한 더욱 많은 정보가 밝혀질 것입니다.
 일지의 처음 몇 페이지는 이미지와 생각, 감정 들이 뒤죽박죽 섞여 있는 것처럼 보일 수가 있습니다. 하지만 시간이 지나면서 그 정보들은 과거생의 귀중한 열쇠로 변할 것입니다.

처음에는 윤회에 대한 자신의 신념, 즉 그것이 자신에게 무엇을 의미하는지, 어떻게 그런 신념을 갖게 되었는지 기록하십시오. 신념은 체험의 토대를 이루며 진실을 알아내는 계기가 됩니다.

WAY OUT

2장
혼자 하는 전생 탐구법

1. 현재 분석을 통한 전생 탐구

영혼이 들려주는 이야기

한 여대생은 전생 퇴행을 받고는 1400년대 캐나다 밴쿠버 인근 지역에 인디언으로 살았던 삶을 기억해 냈습니다. 그녀는 그곳에서 추장의 아들로 행복하게 살던 중 백인들에 의해 부모와 형제가 살해당하는 비극을 경험했고 그후 혼자 외롭게 살았습니다. 그녀는 1996년 어학 연수 차 밴쿠버에 갔는데 그곳에서 왠지 모르는 편안함을 느꼈습니다. 그리고 낯설지 않은 그곳에 대한 느낌을 간직한 채 1년 반이라는 시간을 보냈습니다.

그녀는 가끔 '하필이면 많은 지역 중에서 밴쿠버를 택했을까?' 하고 자문했는데, 전생 퇴행을 경험한 후에야 그 이유가 명백하게 밝혀졌습니다. 그리고 부모와 형제가 살해당했던 지금의 나나이모라는 도시가 왜 그렇게 싫던지 그 이유도 알 수가 있었습니다.

기시감이란 어쩐지 친숙한 느낌이 들지만 정확히 언제, 어디에서 경험한 것인지 전혀 기억나지 않는 상태를 뜻합니다. 처음 찾은 여행지인데 낯선 길목의 모퉁이를 돌면 무엇이 나타날지 알고 있거나 특별한 까닭 없이 그저 막연하게 어떤 장소에 끌립니다. 이러한 기시감을 느끼는 이유는 다양한데, 전생 기억의 첫 번째 과정은 바로 이런 현상의 원인을 구별하는 데에서 시작됩니다.

당신이 낯선 길을 잘 알고 있다면 전생에 그곳에 살았기 때문일 수 있습니다. 또한 특정한 장소에 자신도 모르게 끌린다면 그곳에서 행복을 경험했거나 그곳에서 발견해야 할 뭔가가 있기 때문이기도 합니다.

현재 분석법은 전생과 관련된 기시감을 찾아내는 방법입니다. 마음을 진정시키고 도시의 이름들이 적힌 리스트를 바라보십시오.

"베이징, 파리, 런던, 뉴욕, 예루살렘, 로마, 베를린……."

그렇게 바라보는 동안 도시들에 대한 의식적인 연상 작용은 되도록 피하면서 자신의 영혼이 의식을 꿰뚫고 들려주는 이야기에 귀 기울이십시오. 어떤 도시의 이름이 당신을 끌어당기는 것을 느낄 수 있습니다. 물론 자신이 각 도시에 대해 갖고 있는 의식적인 느낌들을 고려해야 합니다.

예를 들어 파리에 특별히 마음이 기운다 하더라도 이미 그곳을 여러 차례 방문한 적이 있거나 다른 원인으로 인해 그런 것일 경우가 있기 때문입니다.

그러나 내면의 속삭임에 귀기울이면 마음이 끌리는 도시들 사이에 차이점이 있음을 깨닫게 됩니다. 일반적인 친숙함과 기시감, 특별한 친밀감 혹은 소속감을 분별해 내는 것이 바로 전생을 탐구하는 열쇠입니다.

내면의 울림과 퍼즐 맞추기

다른 전생 기억법의 경우에도 마찬가지겠지만, 현재 분석법을 이용할 때 가장 중요한 점은 성급하게 결론을 내리지 말라는 것입니다. 마음속에 망나니가 자기 앞에서 춤추는 모습이 보인다고 해서 곧바로 전생에 목이 잘렸었다고 결론을 내려서는 안 된다는 말입니다. 당신이 전생에 처형을 당한 경우일 수도 단순히 그 광경을 본 것일 수도 있습니다. 개별적인 정보 자체는 그다지 소용이 없으며 그런 자잘한 정보들이 모여 전체적인 그림을 이루는 것이 중요합니다.

처음에 이 현재 분석법을 성공적으로 사용하다 보면 단기간에 시대, 지리적 위치, 직업 등에 관한 갖가지 잠재적인 전생의 기억 자료들을 끌어 모을 수 있습니다. 그 다음에는 각각의 퍼즐 조각이 전체적으로 어떤 그림을 이루는지 끼워 맞추기만 하면 됩니다. 전체적인 그림이 금방 떠오르지 않는다고 억지로 끼워 맞추려고 하다 보면 자칫하면 흥분해서 엉터리로 전생을 상상할 수 있습니다.

또한 어떤 일정한 시대나 장소에 관심을 갖고 있다고 해서 그 시대나 장소에 살았던 증거라고 할 수는 없습니다. 단순한 관심과 내면의 울림을 구분할 줄 알아야 하는데, 제대로 된 정보를 얻으면 스스로 느낄 수 있습니다. 이때 기시감이나 강력한 감정에 휩쓸리면서 정보의 의미와 진실성을 부인할 수 없습니다.

경우에 따라서는 정보의 8~10퍼센트 정도는 딱 들어맞는 듯하지만, 그것들의 전체 그림으로는 아무것도 느끼지 못합니다. 하지만 그렇다 하더라도 걱정할 필요는 없습니다. 자신의 전생을 깨닫지 못하는 데에는 그만한 이유가 있거나 그 정보들이 전생의 기억이 아닐 수도 있습니다. 어떤 경우이든 간에 내면에 떠오른 심상에 대해 명상하십시오. 그것이 의미를 가진 정보라면 잠재의식은 곧 그것을 이해할 수 있는 길을 보여 줄 것입니다.

이러한 현재 분석법을 통해 복잡하고 일관성 있는 전생에 대한 이야기를 찾아냈다 하더라도 선불리 한 가지 해석에만 매달려서는 안 됩니다. 그것은 전생의 기억일 수도 있지만, 무의식이 들려주는 은유나 꿈과 같은 메시지일 수도 있기 때문입니다. 어쨌거나 그것은 심령의 중요한 표현이므로 교훈을 얻도록 하십시오.

그리고 전생을 탐구할 때에는 역사적 사실성에 토대를 두어야 한다는 사실을 잊지 말아야 합니다. 느닷없이 자신을 대통령이나 왕과 같이 지위가 높은 인물로 착각하는 등 바람직하고 이상적인 전생의 모습만 그리는 것은 금물입니다.

실제로 전생 퇴행을 하는 경우에 주인공의 시대적 배경과 연대를 확인하는 과정을 거칩니다. 이때 역사적 사실과 부합해 보이는 사례들을 많이 접하게 됩니다. 40대의 한 여성은 김종서 장군의 전생 기억을 떠올렸고 또 다른 40대 여성은 미국의 링컨 대통령의 전생을 떠올리기도 했습니다. 물론 이러한 경우에는 반드시 주변의 정보를 함께 얻고 종합적으로 주인공의 사실성 여부를 판단하게 됩니다.

전생 탐구를 시작하면 흔히 현재와의 편차 등 여러 요인으로 인해 의식이 왜곡되면서 때때로 오해나 착각을 하게 됩니다. 자신의 전생 모습이 현재의 자기가 볼 때 전혀 탐탁지 않은 인물처럼 보여 당황할 수도 있습니다만, 오히려 그런 당혹스러운 발견이야말로 스스로 성장할 수 있는 최고의 기회를 제공합니다.

관심사 · 재능 · 취미

현재 자기 주변에 있는 물건들이 전생을 암시할 수 있으며, 전생에 대한 무의식적인 기억으로 인해 현재의 자신과는 전혀 관계없고 어디에서 배운 적도 없는 물건을 만들어 내기도 합니다. 이안 스티븐슨 박사는 오랜 연구 결과를 토대로 어떤 아이들은 전생에 보았던 물건이나 장면을 재구성한다는 보고를 했습니다.

자신의 관심사 · 재능 · 취미 활동을 되돌아보십시오. 그런 활동을 할 때 어떤 기분이 들며 어떤 생각을 합니까? 재능을 현재 생애에서 습득했는지, 아니면 선천적으로 타고났는지 잘 생각해 보십시오. 특정한 것에 대한 선호도나 경향, 특정한 일에 대한 강한 욕구가 있는지 자신을 되돌아보십시오. 일정한 관심사 · 재능 · 취미 활동에 대한 억누를 수 없는 욕구가 있다면 그것은 과거생에서도 그런 경향이 있었음을 나타냅니다.

1) 관심사 · 취미 · 재능은 무엇이며 그것들을 즐기는 이유는 무엇입니까?

2) 여가 시간에 무엇을 합니까? 혼자 있을 때 무엇을 하고 싶습니까? 사람들과 함께하고 싶은 일은 무엇입니까?

3) 일을 할 때 지시받은 대로만 움직이는 편입니까, 아니면 자신

에게 맞게 일 처리 방법을 수정하거나 개선하는 편입니까? 만약 지시받지 않은 일도 척척 해내는 편이라면 그런 지식을 어떻게 갖게 되었습니까? 어떤 물건을 보았을 때, 배우지도 않았는데 이미 그것을 만드는 방법을 알고 있음을 깨달은 적이 있습니까? 있다면 그것은 무엇이며 어떻게 해서 알게 되었습니까?

4) 스스로 독창적인 것을 만들거나 디자인한 적이 있습니까? 있다면 그것은 무엇이며 만든 이유는 무엇입니까? 그것을 만드는 동안, 그리고 완성했을 때 어떤 기분을 느꼈습니까?

5) 수집하는 것이 있습니까? 있다면 무엇을, 왜 수집합니까? 무엇을 계기로 수집하기 시작했습니까?

6) 자신에게 영감을 불어넣은 사람이 있습니까? 있다면 그것은 어떤 식으로 이루어졌습니까? 다른 사람보다 자신이 뭔가를 더 잘 할 수 있을 것처럼 느꼈던 적이 있습니까? 있다면 그 일은 무엇이며 왜 그렇게 느꼈습니까? 다른 사람이 해놓은 일을 하고 싶었던 적이 있습니까? 있다면 그것은 무엇이며 왜 그것을 하고 싶었습니까?

7) 시작한 일은 언제나 끝까지 하는 편입니까, 아니면 도중에 그만두는 편입니까? 그 이유는 무엇입니까? 언제나 여러 가지 일을 동시에 추진하는 편입니까, 아니면 한 번에 한 가지만 하는 편입니까? 그 이유는 무엇입니까?

8) 이제껏 자신이 해낸 일 가운데 가장 자랑스럽게 생각하는 것은 무엇이며, 그 이유는 무엇입니까? 상을 받았다거나 타인으로부터 인정을 받는 등 재능이나 취미와 관련된 최대 업적은 무엇입니까?

9) 시간에 여유가 있다면 무엇을 하고 싶습니까? 왜 그것에 관심을 갖고 있습니까?

필자로부터 전생 퇴행을 받았던 한 40대 여성은 미국에서 후버 댐과 같은 댐 공사 책임자로서의 삶을 떠올렸습니다. 그 책임자는 정밀한 측량과 엄격한 공사 관리에 대한 스트레스를 받으면서 완벽한 시공을 위해 최선을 다했습니다. 그러나 불행히도 댐이 건설되는 도중에 사고가 발생하여 자신이 지휘하던 수많은 인부들이 죽었습니다. 이에 충격을 받은 그는 모든 것을 버리고 은둔 생활을 하며 여생을 보냈습니다. 그녀는 전생 경험을 통해 이상하게도 건축과 관련된 일에 관심이 있고 엄밀하고 정확한 것을 좋아하며 한번 시작하면 끝까지 해내고자 하는 성향을 갖고 있는 자신의 현생에서의 스타일을 더 잘 이해하게 되었습니다.

관심사 · 취미 · 성향, 이 모든 것이 우연이 아니라는 사실은 전생을 통해 잘 알 수 있습니다. 그러므로 지금의 모습을 보면 전생의 모습을 짐작할 수 있는 것입니다.

음악과 예술

음악과 예술에 대한 취향, 또는 어떤 시대의 예술 작품에 대한 선호는 전생의 기억에서 비롯된 것일 수 있으며 특정인의 음악이나 특정한 시대의 음악이 전생의 기억을 되살려 주기도 합니다.

다음 질문에 답하면서 마음속에 들리는 음악에 귀기울여 보십시오. 그것은 어떤 느낌을 주는 소리이며, 그것에 어떻게 반응합니까? 그것들을 들을 때 어떤 기분과 이미지가 느껴지는지 자신을 되돌아보십시오.

1) 좋아하는 음악과 싫어하는 음악은 각각 어떤 것이며 그 이유는 무엇입니까? 어린 시절에 좋아했던 노래는 어떤 것이며 그 이유는 무엇입니까?

2) 악기 연주에 대해서는 어떤 느낌이 있습니까? 북 소리나 장구 소리는 어떻고, 드럼 소리는 어떻습니까? 춤을 추고 싶게 만드는 음악은 무엇입니까? 또한 지루하고 졸리게 만드는 음악은 어떤 것입니까? 반면에 영감을 불어넣는 것이 있다면 어떤 것이며 이유는 무엇입니까?

3) 음악 교육을 받은 적이 있거나 악기를 연주한 적이 있습니까? 있다면 어떤 악기를 배웠으며 왜 그것을 선택했습니까? 그것을 익

히기가 쉬웠습니까, 어려웠습니까?

4) 성악 레슨을 받은 적이 있습니까? 혼자 있을 때 노래를 자주 부르는 편입니까? 샤워를 하면서 노래를 하는 편입니까? 그렇다면 그것은 어떤 노래나 멜로디입니까?

5) 노래 듣는 것을 좋아하는 편입니까? 좋아한다면 어떤 유형의 노래를 좋아합니까? 어린 시절 누군가가 당신을 위해 노래를 불러 준 적이 있습니까? 있다면 그것은 어떤 노래이며 왜 그것을 기억합니까? 그 노래가 당신에게 어떤 느낌을 줍니까?

6) 가장 최초의 것으로 기억되는 노래는 무엇입니까? 그것을 기억하는 이유는 무엇입니까? 그것이 어떤 느낌이나 이미지를 불러 일으킵니까? 기억나는 가사가 있다면 그것은 어떤 의미를 지니고 있으며 기억하는 이유는 무엇입니까?

7) 작사나 작곡을 한 적이 있습니까? 있다면 그것은 어떤 가사나 멜로디이며 어떤 계기로 쓰게 되었습니까?

8) 마음속에서 늘 울려 퍼지고 있지만 어디에서 들었는지 정확히 '기억나지 않는 곡이 있습니까? 있다면 그 가락을 표현해 보고 어떤 느낌이 일어나는지 자신을 살펴보십시오.

9) 듣기만 하면 어떤 감정이 일어나는 곡이나 노래가 있습니까? 왜 그렇게 강렬한 감정이 일어나는지 스스로 이해하고 있습니까?

그렇게 강력한 반응이 느껴지는 곡의 리스트를 만들어 보십시오. 그 노래들을 들을 때 어떤 느낌이 들며, 어떤 기억이나 이미지가 떠오르는지 적어 보십시오.

이탈리아에서 성악을 전공하며 유학 생활을 하던 한 피험자는 자신이 어째서 성악을 하게 되었으며, 또 어째서 이탈리아까지 유학을 가게 되었는지, 전생 퇴행을 통해 그 까닭을 알게 되었습니다. 어릴 때부터 유난히 노래 부르기를 좋아했고 한번 들으면 잊지 않고 기억하여 노래를 부르는 재주가 있었다는 그는 현재 다니고 있는 학교가 전생에서도 다니던 학교였다는 사실에 무척 놀랄 수밖에 없었습니다.

이처럼 전생의 능력이나 예술적인 취향과 같은 것은 다음 생으로까지 이어져서 나타납니다. 따라서 위에서 제시된 질문들에 대답을 하다 보면 자신의 전생을 탐구하는 데 도움이 되는 법입니다.

의복과 그 밖의 물건들

전생에 자주 사용했거나 소중히 아꼈던 물건들은 전생의 기억을 불러일으킵니다. 물건을 이용한 방법은 티베트의 달라이 라마를 비롯한 고승들이 환생을 확인하는 방법으로 자주 이용해 왔습니다.

자신의 삶 속에서 처음 보자마자 뭔가 깊은 느낌을 받은 물건은 없었는지, 평소 일정한 유형의 물건에 대해 이상하게 끌리는 느낌은 없었는지 생각해 보십시오. 과거의 의상 스타일에 대해서도 마찬가지 감정을 품을 수 있습니다. 이런 탐구를 하다 보면 배운 적이 없는 다른 나라, 다른 시대의 옷을 입는 방법을 자연스레 알고 있음을 깨닫게 되기도 합니다.

자신이 어떤 종류의 옷을 갖고 있는지 유심히 살펴보십시오. 오랫동안 입지 않은 옷이 있다면 아직도 그런 옷들을 간직하고 있는 이유를 기록합니다.

옷장에 걸린 옷들 가운데 유독 눈에 띄는 옷이 있습니까? 또 일하러 갈 때 입는 옷과 사교적인 모임을 위해 입는 옷은 각각 어떤 것들입니까? 그것들은 비슷합니까, 다릅니까? 그 옷들을 입었을 때 어떤 느낌이 듭니까?

가장 편한 옷과 가장 불편한 옷은 의외로 중요한 단서를 줄 수 있습니다.

1) 좋아하는 옷과 싫어하는 옷은 각각 어떤 것들입니까? 갖고 있는 옷과 그것들을 좋아하거나 싫어하는 이유를 적으십시오.

2) 좋아하는 스타일은 헐렁하고 편한 옷입니까, 아니면 꽉 끼는

옷입니까? 그 이유는 무엇입니까? 한복을 입었을 때 어떤 느낌이 듭니까?

3) 정장을 입었을 때와 오래되었지만 편한 옷을 입었을 때 각각 어떤 느낌이 듭니까? 좋아하는 옷감은 따스한 순모입니까, 차가운 느낌을 주는 가벼운 재질입니까? 그 이유는 무엇입니까?

4) 어떤 종류의 보석이나 장신구를 좋아하며 그 이유는 무엇입니까? 그것을 착용했을 때 어떤 느낌이 듭니까?

5) 옷을 직접 만들어 입은 적이 있습니까? 맞춤옷을 입는 편입니까? 이런 경우 대체로 어떤 유형의 옷을 선택하며 그 이유는 무엇입니까?

6) 맨발일 때의 느낌과 신발을 신었을 때의 느낌은 각각 어떻습니까? 집에 있을 때 양말이나 실내화로 발을 감싸는 편입니까, 그냥 맨발로 다니는 편입니까? 이유는 무엇입니까?

7) 가장 편한 옷은 무엇이며, 가장 불편한 옷은 무엇입니까? 불편함과 편안함을 느끼는 이유는 각각 무엇입니까?

이 질문들에 대한 답을 하다 보면 전생에서 어느 지역, 어떤 자연환경, 어떤 문화권에서 살았는지를 짐작하게 됩니다. 어떤 사람은 전생에 중국에서 살았던 인연 때문에 유난히 중국식 복장과 장식이나 무늬를 좋아하는 자신의 모습을 보다 깊이 이해할 수 있었습니다. 그러므로 각 질문에 대한 대답에 따라 관련되는 전생을 짐작하게 되는 경우가 있습니다.

주택과 가구

의복에 대한 앞의 항목과 같은 맥락에서 집 안의 그림과 가구 등을 둘러보십시오. 오래된 가구가 있는지 살펴보십시오.

집 안 어디에 있을 때 가장 편안하며 그 이유는 무엇입니까? 방 안에 있으면 어떤 기분이 들며 실내 인테리어는 어떻게 되어 있습니까? 마치 처음 보는 것처럼 자신의 집을 객관적으로 관찰하십시오. 이러한 과정을 통해 집 안 분위기와 물건들에 대한 잠재의식적인 느낌과 인상을 자각하게 됩니다.

1) 좋아하는 가구와 싫어하는 가구는 각각 어떤 것들이며 이유는 무엇입니까?

2) 갖고 싶은 가구는 무엇이며 이유는 무엇입니까? 집 안의 가구를 다시 배치하게 된다면 어떻게 할 것이며 그 이유는 무엇입니까?

3) 현재 어떤 집에 살고 있습니까? 또한 이상적인 주택은 어떤 유형의 집이라고 생각합니까? 그리고 그 이유는 무엇입니까?

4) 직접 만든 물건들이 집 안에 있습니까? 있다면 어떤 것입니까?

5) 집 안은 어떻게 단장되어 있습니까? 벽에는 어떤 그림이나 사진이 걸려 있습니까? 그것을 선택한 이유는 무엇입니까? 집 안에 카펫이 깔려 있습니까?

6) 가구는 대부분 현대적인 것입니까, 아니면 다른 시대의 향수를 불러일으키는 것입니까? 전체적인 실내 인테리어와 맞지 않는 것은 없습니까? 그렇게 어울리지 않는 것을 선택한 이유는 무엇입니까?

7) 자신이 가장 편안하게 느끼는 주택 유형과 가장 불편하게 느끼는 주택 유형을 묘사하십시오. 그것을 그림으로 그린 다음 가구들을 배치해 보십시오. 편안함과 불편함을 느끼는 이유는 각각 무엇입니까?

직업

전생의 직업은 언제나 강한 인상을 남기므로 수많은 분야 중에서 특별한 감정을 느끼는 영역이 있게 마련입니다. 일단 자신의 분야를 찾아내면 새로운 시각으로 자신의 감추어진 측면들을 밝혀 낼 수 있습니다.

직업이나 그것에 대한 마음가짐에 어떤 패턴이 있는지 알아보십시오. 자신이 좋아하는 직업 유형과 그것에 대한 느낌, 그리고 그것이 자신을 행복하게 만들어 주는 이유를 생각해 보십시오.

  1) 현재 어떤 종류의 직업을 갖고 있으며 당신이 하는 일은 무엇입니까? 그 일이 자신을 위해 만들어진 것 같습니까, 아니면 어쩌다 우연히 하게 된 것입니까? 직장을 구하게 된 상황을 생각해 보십시오. 직장을 구하기 위해 힘들게 노력해야 했습니까, 별 노력 없이 갖게 되었습니까?

  2) 당신은 자영 업자입니까? 그렇다면 하는 일은 무엇입니까? 또 그 일을 선택한 이유는 무엇입니까? 환경적인 이유로 선택했든 자신의 의지로 선택했든 구체적으로 밝히십시오. 그 일을 하게 된 계기는 무엇입니까?

  3) 현재의 직업을 좋아합니까, 싫어합니까? 이유는 무엇입니까? 현재 하고 있는 일에서 좋아하는 부분과 싫어하는 부분을 적으십시오. 왜 그렇게 느끼는지 설명하십시오. 당신의 직업은 스스로 선택한 것입니까, 어쩔 수 없이 갖고 있는 생계 수단입니까? 어떤 마음가짐으로 일합니까?

  4) 직장에 가는 것이 즐겁습니까? 당신에게 중요한 것은 돈입니까, 성취감입니까? 그 이유는 무엇입니까?

5) 직장에 출근하지 않을 때에는 시간을 어떻게 보내고 싶습니까? 당신이 꿈꾸는 이상적인 일은 무엇입니까? 이유는 무엇입니까? 그 꿈을 이룰 수 있을 것 같습니까? 그렇다면 혹은 그렇지 않다면 이유는 무엇입니까? 그 목적을 이루기 위해 해야 할 일은 무엇입니까? 또한 그 일들에 대해 어떻게 느끼고 있습니까?

6) 현재 하고 있는 일이 운명적으로 주어진 일이라고 느낍니까? 그렇다면 혹은 그렇지 않다면 이유는 무엇입니까?

7) 자신이 전생에 가졌던 직업이 무엇이라고 생각합니까? 현재의 직업을 전생에 가졌던 직업의 연장같이 느낍니까, 아니면 전생과 역전된 것이라고 느낍니까? 그렇게 느끼는 이유는 무엇입니까?

8) 현재의 직업은 다른 직업을 갖기 위한 임시 방편이라고 생각합니까? 그렇다면 최종 목표로 삼는 직업은 무엇입니까? 그 직업을 얻기 위해 따로 공부하는 것이 있습니까? 있다면 그것은 무엇입니까?

9) 당신이 이제껏 해온 일들 가운데 무엇이 가장 재미있었습니까? 그리고 가장 싫어했던 일은 무엇입니까? 이유는 무엇입니까? 일할 때는 잘하는 편입니까? 그렇다면 혹은 그렇지 않다면 이유는 무엇입니까? 자신의 업적을 자랑스럽게 생각합니까?

10) 어린아이였을 때 빨리 어른이 되고 싶었습니까? 그렇다면 그 이유는 무엇입니까? 그때 당신은 어떤 일들을 하고 싶었습니까? 그

런 일들을 하고 싶어했던 계기는 무엇입니까? 그런 어린 시절의 꿈들을 얼마나 충실히 이행해 왔습니까?

11) 직업을 자주 바꾸는 편입니까? 그렇다면 이유는 무엇입니까? 그동안 거쳐 온 직업들은 서로 비슷합니까, 전혀 다릅니까?

전생의 직업 생활은 현생의 직업 생활에 영향을 미칩니다. 때문에 전생에 수도 생활을 했던 사람은 현생에서 수도 생활이나 정신 세계 쪽에 관심을 갖게 되고 그러한 생활을 하기도 합니다. 이런 사람은 사업을 하더라도 사업 자체에 대해서보다는 정신 세계를 추구하는 쪽에 마음을 두기 때문에 사업을 소홀히 하거나 일을 통해 얻은 이익을 봉사하는 데에 사용하기를 좋아하는 경향을 보이게 됩니다.

그러므로 직업 생활을 묻는 질문에 어떻게 대답하느냐에 따라 자신의 직업 생활을 이해하는 데 도움을 얻을 수 있습니다.

음식과 식습관

음식에 대한 취향 역시 전생의 자취일 수 있습니다. 연구에 따르면 어떤 일정한 음식을 좋아하는 식성뿐만 아니라 과일이나 과자 등에 대한 취향 모두 전생의 영향으로 해석될 수 있다고 합니다.

부엌에서 음식을 요리할 때 어떤 느낌이 듭니까? 사용하고 있는 접시와 팬, 그릇의 유형을 살펴보십시오. 갖고 있는 부엌 기구는 어떤 것들이며, 그중 자주 사용하는 것은 무엇입니까? 즐겨 먹는 음식의 맛을 기억해 보십시오. 어떤 유형의 음식이 느낌을 일으키는지 자신을 주의 깊게 관찰하십시오. 또한 식사를 할 때 주변 환경에 대해 어떤 느낌을 갖는지에도 주의를 기울이십시오.

1) 좋아하거나 싫어하는 유형의 음식은 각각 어떤 것들이며 그 이유는 무엇입니까? 어린 시절 좋아했던 음식은 무엇이며 그 이유는 무엇입니까?

2) 움직이면서 음식을 먹는 편입니까, 여유 있게 앉아서 먹는 편입니까? 촛불 옆에서 식사를 할 때 어떤 느낌이 듭니까?

3) 좋아하는 음식은 어떤 것이며 그 이유는 무엇입니까? 요리를 할 때 주로 사용하는 재료가 있습니까? 있다면 그것은 무엇이며 좋아하는 이유는 무엇입니까? 매운 음식을 좋아하는 편입니까? 그렇다면 이유는 무엇입니까?

4) 주로 한 가지 음식만 먹는 편입니까, 여러 음식을 다양하게 즐기는 편입니까? 그 이유는 무엇입니까? 새로운 음식을 시도하는 편입니까, 고정 메뉴를 고집하는 편입니까? 입맛이 까다로운 편입니까?

그렇다면 그 이유는 무엇입니까? 어린 시절 식습관은 어떠했습니까?

5) 먹지 않는 음식이 있다면 그 이유는 무엇입니까? 몸이 받아들이지 않는 음식이 있다면 그것은 무엇입니까? 또한 일부러 먹지 않는 음식이 있다면 그 이유는 무엇입니까?

6) 외식을 할 때 어떤 유형의 레스토랑에 가는 편입니까? 늘 똑같은 음식만 주문하는 편입니까? 그렇다면 그 이유는 무엇입니까?

7) 요리를 잘하는 편입니까? 요리하는 것을 좋아합니까? 자신만의 요리법을 개발한 적이 있습니까, 책에 나온 대로만 따라 하는 편입니까? 특별한 경우에 준비하는 음식은 어떤 종류입니까?

8) 생각만 해도 입에 군침이 도는 음식은 어떤 것이며 그 이유는 무엇입니까? 특정한 음식 냄새가 당신에게 어떤 영향을 줍니까? 냄새를 맡으면 저절로 반응을 하는 음식은 무엇이며, 그것은 어떤 종류의 반응입니까?

어촌 출신의 사람이 해산물을 좋아하고 농촌 출신의 사람이 나물이나 채식을 즐기는 것을 보면, 음식에 대한 기호가 전생의 생활과 관계 있음을 쉽게 이해할 수 있습니다. 그러므로 유난히 좋아하거나 싫어하는 음식이 있다면 그 음식과 관련한 전생의 경험이 있을 것이라고 짐작할 수 있습니다.

신체적 특징

피부색이나 머리색은 전생의 흔적을 간직할 수 있습니다. 연구 결과에 따르면, 전생에 제2차 세계 대전 당시 미얀마에서 총살당한 영국군이나 미국군이었던 것으로 기억하는 미얀마의 어린아이들은 서양인에 가까운 머리색과 피부색을 갖고 있다고 합니다.

신체적인 특징은 이처럼 삶이 바뀐 후에도 여전히 유지될 수 있으며 특히 눈은 거의 변화하지 않습니다. '눈은 영혼의 창'이라는 말이 있듯이 본질적인 측면을 반영하고 있기 때문입니다. 거울을 보면서 자신의 외모, 그중에서 눈을 바라보면서 그것이 들려주는 고대의 메아리에 귀기울여 보십시오.

전생에 입은 신체적 상처가 현재의 신체에 영향을 미치는 경우도 있습니다. 특히 반복적으로 문제를 일으키는 부분, 특정 부분에 대해 비정상적일 정도로 민감한 것은 신체적인 카르마(흔히 말하는 업)를 암시합니다.

그럴 만한 별 이유 없이 스카프 같은 것으로 목을 감싸는 습관은 전생에 목에 심한 부상을 입은 경험에서 비롯된 것일 수 있습니다. 이렇듯 몸의 특정 부분에 대한 과민 보호증은 전생의 기억을 되살리는 단서가 됩니다.

자신의 건강 패턴, 이를테면 체격이 근육형이라든가 왜소한 편이라든가 정신적 건강 상태가 어떠한가 등을 살펴보고 인생과 건강에 대해 어떻게 느끼는지 생각해 보십시오. 질병에 대해 어떻게 느끼고 있습니까? 건강 패턴은 전생을 아는 데 주요한 단서가 되어 과거의 마음가짐과 감정을 나타내기도 합니다. 신체적인 흉터, 모반, 점이나 사마귀, 주근깨 따위는 전생의 상처나 충격을 반영하는 것들입니다.

1) 당신의 신체가 가진 최대의 특징은 무엇입니까? 그것을 자랑스럽게 여기고 있다면 이유는 무엇입니까? 자신의 몸을 좋아합니까? 그렇다면 혹은 그렇지 않다면 이유는 무엇입니까? 신체적인 약점이 있습니까? 그렇다면 그것은 어떤 것이며 원인은 무엇입니까? 반대로 잘 발달된 신체적 능력을 갖고 있습니까? 그렇다면 그것은 무엇이며 왜 발달시켜 왔습니까?

2) 모반이 있습니까? 있다면 어디에 있고 어떻게 생겼습니까? 그것들에 대해 어떻게 느낍니까? 흉터가 있습니까? 있다면 어디에 있고 원인은 무엇입니까? 어떻게 생겼으며 그것들에 대해 어떻게 느낍니까?

3) 수술을 받아 본 적이 있습니까? 있다면 어떤 수술이며 이유는 무엇입니까? 그 수술이 문제를 해결해 주었습니까, 아니면 문제가

재발했습니까? 수술 과정과 병원에 대해 어떻게 느낍니까?

4) 사고를 당한 적이 있습니까? 있다면 사고의 원인은 무엇이며 어떻게 다쳤습니까? 그 사고에 대해 어떻게 느낍니까? 사고를 일으킨 사람이 자신이라면 지금 그 일에 대해 어떤 느낌을 갖고 있습니까? 그것은 피할 수 있는 일이었다고 생각합니까? 사고가 일어난 지역과 원인을 나열해 보십시오.

5) 건강상의 문제를 갖고 있습니까? 있다면 그것들은 어떤 것이며 원인은 무엇입니까? 그것들에 대해 어떻게 느낍니까? 만성적인 질병이 있습니까? 있다면 그것은 무엇이며 처음에 어떻게, 왜 걸리게 되었습니까? 또한 재발하는 이유는 무엇입니까?

6) 건강을 위해 정해진 식단을 준수하는 편입니까? 그렇다면 이유는 무엇입니까? 그 식이 요법에 대해 어떻게 느낍니까? 건강을 위해 약을 먹어야 합니까? 그렇다면 이유는 무엇입니까? 육체적 기능을 유지하기 위해 어떤 기구를 이용해야만 합니까? 그렇다면 원인은 무엇이며 그런 상황에 대해 어떤 느낌을 갖고 있습니까?

7) 자신이 오래 살 것 같습니까? 그렇다면 혹은 그렇지 않다면 이유는 무엇입니까? 자신이 누리고 있는 삶의 질에 대해 어떻게 느낍니까?

8) 어린 시절 건강은 어떤 편이었습니까? 감기같이 흔히 걸리는

질병 외에 건강상의 문제는 없었습니까? 있었다면 원인은 무엇이며, 그것에 대해 어떤 느낌을 갖고 있습니까?

9) 안경이나 콘택트렌즈를 사용합니까? 사용한다면 항상 착용하는 편입니까, 일정한 시간에만 착용하는 편입니까? 사용하는 이유는 무엇입니까? 보청기를 사용합니까? 사용한다면 그 이유는 무엇입니까?

10) 당신이 두려워했던 질병이 있습니까? 있었다면 두려움을 느낀 이유는 무엇입니까?

11) 별다른 이유 없이 닥치는 고통이나 통증이 있습니까? 있다면 언제, 어떻게 그런 경험을 했습니까?

어떤 30대 남자는 누군가 자신의 목 주위에 손을 대면 섬뜩한 느낌이 든다고 했습니다. 어릴 때부터 친구들이 어깨동무를 하는 것조차 싫어했습니다. 전생 퇴행을 통해 발견한 바로는 그는 전생에서 참수형을 당해 죽었던 것입니다. 예리한 칼에 목이 잘리는 그 순간의 섬뜩한 느낌, 공포, 고통 등 모든 것이 목 부위에 흔적으로 남아 있었던 것입니다. 그래서 이 생에서 목과 관련한 독특한 느낌이 있었던 것입니다.

또 어떤 20대 여성은 전생에서 말에서 떨어져 다리를 심하게 다쳤던 기억을 떠올렸는데 알고 봤더니 바로 그것이 어릴 때부터 잘 넘어지고 발을 잘 삐고 하체가 약한 이유였습니다. 이처럼 전생의 경험은 육체적인 측면에 영향을 미칩니다.

개성

자신의 개성을 보여 주는 특징들 즉 평화로운 기질, 신경질적인 기질, 야망, 소심함, 자기 연민, 난폭한 성질 따위에 대해 잘 생각해 보십시오. 평소 고아나 가난한 사람에게 깊은 동정심을 품었다면 당신 자신이 전생에 그런 처지에 놓여 있었을 가능성이 큽니다. 또한 자신 안의 이성적(異性的) 측면을 잘 살펴보십시오. 남성이라면 여성적인 측면을, 여성이라면 남성적인 측면을 관찰하는 것입니다.

이 밖에 자신이 사는 목적, 목표, 주요한 삶의 문제들 역시 전생을 통해 이어 내려온 대하 드라마의 결과일 수 있습니다. 이를테면 현생에서 의사가 되고 싶은 욕망은 전생에 전사로서 수많은 사람을 죽였거나 상처를 입혔던 행동을 보상하고자 하는 데에서 비롯된 결과일지도 모릅니다.

또 현생에서 정보를 퍼뜨리고 가르치는 일을 하고 있다면 전생에 정보가 알려지는 것을 가로막거나 검열했던 카르마를 갚으려는 데에서 비롯되는 것일 수 있습니다.

1) 자신의 개성을 한마디로 요약하십시오. 그 근거는 무엇입니까? 자신이 어떤 사람인지 설명하십시오. 다른 사람들은 당신을 어떻게 묘사합니까? 그들의 설명이 당신 자신의 설명과 비슷합니까, 다릅니까?

2) 자기 자신에 대해 어떻게 느낍니까? 자신을 좋아합니까? 그렇다면 혹은 그렇지 않다면 이유는 무엇입니까? 자신에 대해 좋아하는 점과 싫어하는 점은 각각 무엇입니까? 그 이유는 무엇입니까?

3) 당신은 예측 가능한 인물입니까, 아니면 예측 불가능한 인물입니까? 그 이유는 무엇입니까? 특별한 이유 없이 충동적으로 일을 처리한 적이 있습니까? 있다면 그것은 무슨 일이며, 그 결과는 어땠습니까?

4) 자신의 행동 배경이나 이유를 분석해 보려고 노력한 적이 있습니까? 있다면 이유는 무엇입니까? 다른 사람을 이해하려고 노력한 적이 있습니까? 있다면 이유는 무엇입니까? 상담이나 심리 치료를 받아 본 적이 있습니까? 그것으로 도움을 받았다고 생각합니까? 그것을 통해 자신의 어떤 점을 발견했습니까?

5) 사람들을 대하는 방식이 항상 같습니까, 사람에 따라 다릅니까? 특정한 사람에게 특별한 반응을 보인다면 그 이유는 무엇이며, 그에게 어떤 느낌을 갖고 있습니까?

6) 당신은 내향적입니까, 외향적입니까? 그렇게 생각하는 이유는 무엇입니까? 혼자 있는 것을 좋아합니까, 다른 사람과 함께 있는 것을 좋아합니까? 이유는 무엇입니까? 각각의 상황에 대해 구체적으로 설명해 보십시오. 그렇게 느끼는 이유는 무엇입니까?

7) 당신은 낙천주의자입니까, 염세주의자입니까? 깔끔한 편입니까, 털털한 편입니까? 쉽게 만족하는 편입니까, 원칙을 엄격하게 지키는 편입니까? 수줍음을 잘 타는 편입니까, 대담한 편입니까? 자기 주장을 잘하는 편입니까, 속으로 삭이는 편입니까? 앞의 질문들과 관련한 사례들과 각각의 이유를 적으십시오. 거기에 일정한 패턴이 숨어 있지는 않습니까?

8) 당신은 곧잘 우는 편입니까, 감정을 감추는 편입니까? 무엇이 당신을 행복하게 혹은 불행하게 만듭니까? 어떤 기분이 들 때 울고 싶어집니까? 또 어떤 기분이 들 때 웃고 싶어집니까? 자신이 웃는 방식이 스스로 마음에 듭니까? 그렇다면 혹은 그렇지 않으면 그 이유는 무엇입니까?

9) 무엇이 당신을 두렵게 합니까? 이유는 무엇입니까? 두려움이 어디에서 나오는지 알고 있습니까? 두려워하는 것과 그 이유를 적어 보십시오. 강박적인 공포가 있습니까? 있다면 언제, 무엇 때문에 그런 공포를 경험합니까?

10) 지금까지의 삶이 떳떳하고 자랑스럽게 생각됩니까? 혹은 남들에게 알리고 싶지 않은 일이 있습니까? 있다면 그것은 어떤 일들이며 이유는 무엇입니까? 이제껏 저지른 실수 가운데 최악의 실수는 무엇이며, 그렇게 생각하는 이유는 무엇입니까? 또한 그 실수를 하게 된 원인은 무엇입니까?

11) 인생의 주요한 사건들과 그 일들이 자신에게 어떤 영향을 미쳤는지를 적으십시오. 자신의 삶 속에서 일어난 사건들을 변화시킬 수 있다면 그중 어떤 것을 변화시키고 싶습니까? 또한 그 이유는 무엇이며 결과는 어떻게 되겠습니까?

12) 과거에 고통스럽거나 충격적인 사건을 겪었다면 그에 대해 어떻게 느끼고 있습니까? 자신이 겪은 중요한 변화를 가져온 사건들을 적으십시오. 그런 경험을 통해 무엇을 배웠으며, 그것들에 대해 어떤 감정이나 느낌을 갖고 있습니까?

사람들

우리는 대개 부지불식간에 누군가에게서 특별한 인상이나 느낌을 받으면서 삽니다. 첫눈에 이상할 정도로 친숙하게 느껴지는 것이 바로 그런 경우에 속합니다. 일단 전생 탐구의 시각으로 주위 사람들을 바라보면 쉽사리 전생에서의 느낌을 잡아낼 수 있습니다.

이를 위해서는 현재 그 사람과 맺고 있는 관계나 시각적인 이미지를 일시적으로 머릿속에서 지워 버리는 것이 바람직합니다. 눈을 감고 깊이 느껴 보십시오. 이때 염두에 둘 것은 성(性)을 초월한 그들의 존재 자체입니다. 그들의 본질에 대해 자신이 어떻게 느끼고 반응하는지 내면을 주의 깊게 관찰하십시오.

　1) 가장 친한 친구는 누구입니까? 그 이유는 무엇입니까? 그의 무엇이 그토록 당신을 끌어당깁니까? 그와 함께 있을 때 말을 많이 하는 편입니까, 침묵을 지키는 편입니까? 말을 안 해도 서로의 생각을 읽을 수 있을 정도입니까? 어떤 계기로 어떻게 만나게 되었습니까? 처음 만나게 된 상황이나 첫인상을 쓰십시오.

　2) 가장 적대적인 사람은 누구입니까? 그 이유는 무엇입니까? 그가 그토록 당신에게 적대감을 불러일으키는 요인은 무엇입니까? 그를 어떤 계기로 만났습니까? 처음 만나게 된 상황이나 첫인상을 적어 보십시오.

　3) 친구가 많은 편입니까, 고독한 편입니까? 이유는 무엇입니까? 우정이나 관계가 오래가는 편입니까, 그렇지 못한 편입니까? 오랫동안 우정을 나누어 온 친구들의 이름과 친해진 이유를 쓰십시오. 그들과의 우정이 오래가는 이유는 무엇입니까? 또 관계가 오래가

지 못했던 사람들의 이름을 적어 보십시오. 그 이유는 무엇입니까?

4) 당신을 행복하게 혹은 불행하게 만드는 사람은 누구이며, 각각 그런 상황은 무엇이고 그 이유는 무엇입니까? 함께 있으면 자연스럽고 편한 사람은 누구입니까? 그 이유는 무엇입니까? 누군가에게 좋은 인상을 주기 위해 자신의 본성과 어긋나는 행동을 마다하지 않은 적이 있습니까? 있다면 누구 때문이며 그 이유는 무엇입니까? 지금은 그들과 그런 상황에 대해 어떻게 느끼고 있습니까?

5) 상사, 부모, 스승과 같은 윗사람들의 리스트를 만드십시오. 그 다음에는 그들에 대한 느낌, 그들을 대하는 방식, 그리고 그 이유를 리스트에 적으십시오.

6) 가족을 사랑합니까? 사랑한다면 혹은 사랑하지 않는다면 그 이유는 무엇입니까? 자신이 현재의 가족과 잘 어울린다고 생각합니까? 가족 가운데 특히 친하거나 사이가 좋지 않은 사람이 있습니까? 있다면 이유는 무엇입니까?

7) 가족에 대해 가장 좋아하는 측면과 가장 싫어하는 측면은 무엇입니까? 이유는 무엇입니까? 가족이 자신에게 소중한 까닭은 무엇입니까? 부모가 다른 사람들이었으면 하고 바란 적이 있습니까? 있다면 이유는 무엇입니까? 없다면 부모에게 만족하고 행복한 편입니까?

8) 의무감에서 혹은 스스로 원해서 친구나 가족과 함께 뭔가를 한 적이 있습니까? 가족이나 친구와 함께 있으면 보통 무슨 일을 합니까? 그중 가장 즐기는 일은 무엇이고, 가장 싫은 일은 무엇입니까?

9) 어린 시절을 어떻게 보냈습니까? 그리고 현재 그 시기에 대해 어떻게 느끼고 있습니까? 또렷하게 기억나는 어린 시절의 경험으로는 어떤 것이 있습니까? 왜 그 경험들을 기억하고 있으며, 그것들은 당신에게 어떤 영향을 미쳤습니까?

10) 가족이나 친구가 당신이 하는 일을 만류하는 편입니까, 격려하는 편입니까? 그들이 당신의 길을 가로막거나 영감을 불어넣었던 구체적인 상황과 당시의 주변 환경들을 적어 보십시오. 그들의 말이나 행동으로 인해 당신의 삶이 바뀐 적이 있습니까? 있다면 그것은 어떤 말이나 행동이며, 그것이 당신을 어떻게 변화시켰습니까?

11) 자신의 이름이 마음에 듭니까? 이름을 바꾸었다면 그 이유는 무엇이며 새 이름은 어떻게 지었습니까?

책과 영화

텔레비전에서 좋은 영화를 보거나 좋은 책을 읽을 때 어떤 느낌이 일어나는지 잘 관찰하십시오. 그 속에 빠져 들거나 내용과 동일시하게 만드는 프로그램이나 책은 무엇입니까? 그런 영화나 이야기를 보거나 읽을 때 마음속에서 일어나는 이미지나 느낌에 주목하십시오. 좋아하는 유형의 책은 어떤 것이며 그 이유는 무엇입니까?

1) 어떤 종류의 책을 좋아하며 이유는 무엇입니까? 그것은 어떤 의미를 지닙니까? 지금 구독하는 잡지는 어떤 것이며, 그것을 구독하는 이유는 무엇입니까?

2) 독서를 좋아하는 편입니까? 좋아한다면 혹은 싫어한다면 그 이유는 무엇입니까? 책을 끝부터 읽는 습관이 있습니까? 독서를 취미로 하는 편입니까, 학습과 연구를 위해 하는 편입니까? 도서관이나 서점에 갔을 때 어떤 느낌이 듭니까?

3) 글을 써본 적이 있습니까? 있다면 무슨 이유로 어떤 내용의 글을 썼습니까?

4) 좋은 책을 읽으면 그 속에 빠져 드는 편입니까? 주인공과 자신을 동일시하는 경향이 있습니까? 있다면 줄거리는 어떤 것입니까? 그런 글을 읽을 때 어떤 느낌이 들며, 어떤 감정에 교감하고 공명을 하는 편입니까?

5) 어린 시절 부모님이 자주 책을 읽어 준 편입니까? 그랬다면 그 중 자신이 좋아했던 줄거리는 어떤 것이며 그 이유는 무엇입니까? 그것은 자신에게 어떤 의미가 있습니까?

6) 이야기 듣는 것을 좋아하는 편입니까? 그렇다면 이유는 무엇입니까? 어떤 종류의 이야기를 좋아합니까? 픽션을 듣거나 읽는 것을 좋아하는 편입니까? 그렇다면 이유는 무엇입니까? 인간미 넘치는 이야기를 좋아하는 편입니까? 매우 중요한 업적을 이룬 사람들의 이야기를 좋아합니까? 그 이유는 무엇입니까?

7) 어떤 영화나 프로그램을 좋아합니까? 그것을 볼 때 어떤 느낌이 듭니까? 그 내용을 자신의 상황에 관련시키는 편입니까? 그렇다면 어떤 식으로 동일시합니까? 어떤 영화나 텔레비전 프로그램을 볼 때 화나거나 흥분이 된다면 그 이유는 무엇입니까? 프로그램을 보다 그 속에 감정적으로 몰입한 적이 있습니까? 있다면 그 내용은 무엇이며, 어떤 요인이 그토록 강렬한 감정을 불러일으켰습니까?

도시와 나라

대부분의 사람은 전생에 살았던 도시나 나라에 대해 강력한 느낌을 갖고 있게 마련입니다. 마음속으로 도시나 나라의 이름을 떠올리거나 지도를 보면서 내면의 울림을 관찰하십시오.

세월의 흐름과 함께 많은 지명이 바뀌었기 때문에 현재의 지명에 아무런 울림을 느끼지 못한다고 그곳과 관련된 전생이 없다고 단정 지을 수는 없습니다. 이런 경우에는 해당 지역의 시각적 이미지를 연상하여 울림이 일어나는지 살펴보아야 합니다. 또는 세계 각국의 여행 책자에 실린 풍물 사진을 보면서 내면의 이미지가 떠오르게 하는 것도 좋은 방법입니다.

어떤 건물이나 지형에 특별한 느낌을 갖고 있지만 그곳이 정확히 어디인지 알 수 없는 경우가 있습니다. 그리고 자신이 전생에 정글이나 숲 속, 사막에 살았다고 느끼거나 산악 지대 혹은 바다에 유난히 친밀감과 편안함을 느낄 수 있습니다. 어떻든 간에 전생의 인상이 느껴지는 곳을 찾아내는 것이 관건입니다.

어느 중학교 지리 선생님은 핀란드의 피오르드 해안에 대해 남다른 느낌을 갖고 있었습니다. 그리고 학생들에게 유난히 그쪽 지방에 대해 상세히 설명하고 강조하는 자신의 모습을 스스로도 이상하게 여겼습니다. 그러나 전생 퇴행을 통하여 자신이 피오르드 해안 지역에서 고통스럽게 죽었다는 사실을 알게 된 이후 평소에 품었던 그쪽 지역에 대한 느낌을 보다 잘 이해하게 되었습니다.

이처럼 특정한 도시와 나라에 대한 느낌은 전생 경험과 깊은 관계가 있을 수 있습니다.

문화와 시대

조사해 볼 만한 또 다른 사항은 시대입니다. 대다수의 사람은 적어도 두세 가지 시대에 각별한 느낌을 갖고 있습니다. 또한 우리는 종종 좋아하는 책이나 그림을 곁에 두고 어느 한 시대에 대해 무의식적으로 향수에 잠기고는 합니다. 이런 현상은 대개 전생에서의 경험으로부터 비롯됩니다.

때로는 도저히 가늠할 수 없는 시대에 친밀감을 느끼기도 합니다. 인도에 살았던 것은 확실하게 느껴지는데 인도의 역사나 시대에 대해서는 전혀 모르는 경우 말입니다. 혹은 새하얀 기둥들 사이를 거닐던 기억은 나는데, 정확히 그것이 어떤 고대 문명권에 속하는 것인지 알 수 없는 경우도 있습니다. 사념의 세계를 뒤적이면서 그렇게 이상스런 감흥이나 친숙함을 불러일으키는 문화적 이미지들을 기억해 보십시오.

나의 임상 경험에 의하면 평소에 수도 생활이나 정신 세계에 유난히 관심을 갖고 있는 사람들은 흔히 인도를 비롯하여 티베트나 히말리야 쪽의 전생 경험을 갖고 있는 경우가 많았습니다. 그리고 그 지역의 문화에 대해서 익숙하게 느끼고 언제가 여행해 보고 싶은 욕구를 갖고 있습니다.

따라서 어떤 문화나 시대에 대한 관심은 우연한 것만이 아닙니다.

종교

영적 신념이 가져오는 강한 감정으로 인해 대부분의 사람은 전생에 신봉했던 신이나 종교를 쉽게 알아낼 수 있습니다.

평소 호감이 느껴지는 종교가 있는지 알아보며 자신의 종교적 마음가짐을 되돌아보십시오. 당신은 사람들과 함께 예배 드리는 것을 좋아하는 편입니까, 집에서 혼자 개인적으로 행하는 것을 좋아하는 편입니까? 별다른 이유 없이 혐오감이 느껴지는 종파나 교파가 있습니까?

그러한 경향은 어쩌면 전생의 습관을 반영하는 것일 수 있습니다.

동물

특정한 동물에 대한 친밀감 또한 전생과 관련된 것입니다. 이를테면 말에 대해 특별히 호감을 느낀다면 어쩌면 전생에서 말을 이용하며 살았을지 모를 일입니다. 동물 백과사전 같은 것을 보면서 끌리는 동물은 없는지 알아보는 것도 전생의 흔적을 찾는 한 방법이 될 수 있습니다.

기후

일정한 기후를 견뎌 내는 능력은 전생의 흥미로운 자취 중 하나입니다. 한 연구에서, 전생에 유럽이나 미국에서 살았던 동양인 어린이는 전생에도 동양에서 살았던 다른 아이에 비해 더위를 잘 참지 못하는 것으로 드러났습니다.

자신이 사는 지역의 기후에 대한 선호도를 한번 생각해 보십시오. 어떤 날씨를 좋아하거나 싫어하는 편입니까? 그 이유는 무엇입니까? 집 안에 있는 것을 좋아하는 편입니까, 옥외 활동을 좋아하는 편입니까? 계절마다 즐기는 활동은 무엇이며 그 이유는 무엇입니까?

언어

특정 언어에 대한 호감은 전생의 흔적인 경우가 많습니다. 드물기는 하지만 어떤 사람은 전생에 사용했던 언어를 기억하기도 합니다. 어린 시절 결코 들어 본 적이 없는 말을 하거나 이상한 단어들이 마음속에서 들려 온 적이 있다면, 그것들이 어떤 언어에 속한 것인지 알아볼 필요가 있습니다.

또한 이러한 경험이 없더라도 괜시리 호감이 가거나 혐오감이 느껴지는 언어가 있는지 찾아보십시오. 또한 따로 익히지 않았는데 신기할 정도로 익숙하게 느껴지는 언어가 있다면 그것은 전생의 기억에서 비롯된 결과일 수 있습니다.

2. 상상을 통한 전생 탐구

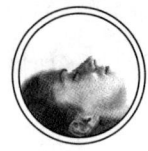

앞에서 설명한 현재 분석법을 이용해 얻은 내용을 근거로 하여 상상의 나래를 펼쳐 보십시오.

'잠자는 예언자'라는 별명을 가진 에드가 케이시는, 경우에 따라 특정한 지역에 대해 상상하게 되는 것은 전생의 기억 때문이기에 상상력을 활용하여 그 지역을 자세하게 묘사해 보면 기억이 되살아날 수 있다고 설명했습니다.

많은 사람이 무의식적으로 일정 지역에 대한 분명한 느낌을 간직한 채 살아갑니다. 물론 그런 느낌들은 현생의 경험에서 얻어진 인상일 수도 있지만, 종종 그보다 더 뿌리 깊은 근원에서 나온 것일 수도 있습니다.

마음이 끌리는 나라를 통한 전생 유도법

외국에 간다면 어떤 나라에 가고 싶습니까?

일단 가보고 싶은 나라를 선택한 다음 상상력을 이용하여 그곳에서 자신이 마주칠 장면들을 그려 보십시오. 이때 상상할 수 있는 모든 것을 상세하게 표현합니다. 중요한 점은 당신이 무얼 보게 되리라고 기대하느냐 하는 것이므로 이미지의 정확성에 대해서는 신경쓰지 않아도 됩니다. 마음속으로 선택한 나라의 모습을 그렸다면 이제 다음 질문에 대답하십시오.

1) 가보고 싶은 나라는 어디입니까?

2) 그곳에서 자신이 볼 수 있는 것들을 열거하십시오. 아마 이 단계에서는 삶을 통해 얻은 다양한 인상들이 모두 동원될 것입니다. 장소, 물건, 기분, 사람들의 유형, 색깔, 그림, 건축물, 음악, 그 밖의 측면들을 상상해 보십시오.

3) 그 같은 상상의 이미지들을 통해 내면에서 일어나는 느낌을 열거하십시오. 기분이 좋은 편입니까, 나쁜 편입니까?

4) 그 나라에 대한 이야기를 읽은 적이 있습니까? 그런 글들을 읽을 때 어떤 느낌이 듭니까?

5) 그 나라를 배경으로 한 영화나 텔레비전 프로그램이 마음에

듭니까? 그것들이 당신 안에 불러일으키는 감정을 기록하십시오.

6) 그 나라를 생각하면 연상되는 음식이 있습니까? 그 음식을 먹어 본 적이 있습니까?

7) 당신이 현재 사는 나라에도 그 나라를 연상시키는 물건이 있습니까? 그것들은 무엇이며 어디에 있습니까?

8) 의복이나 헤어스타일, 음식, 음악에 대한 취향, 독서 취향, 박물관 관람 등을 통해 특별한 관심이 나타난 나라가 있습니까?

9) 그곳에 간 적이 있습니까? 개인적으로 아는 사람 가운데 그곳에서 태어나고 살았던 사람이 있습니까? 그 사람들이나 그들과의 관계에 대해 어떻게 느낍니까?

10) 직접 그 나라에 간 적이 있습니까? 있다면 여행에서 받은 가장 인상적이었던 것은 무엇입니까? 가보지 못한 경우, 그곳에 간다면 인상 깊게 느낄 만한 부분을 나열하십시오.

11) 그 나라의 역사 중에서 어느 부분에 특별히 관심이 갑니까?

12) 전생에 그 나라에서 살았다면 자신이 어떤 사람이었을지 상상하여 이야기를 꾸며 보십시오. 단, 그 나라에 대해 갖고 있는 실제적인 지식보다는 상상력에 의존하여 자세하게 표현해야 합니다. 고정관념으로 마음을 제한하지 말고 폭넓게 가능성을 탐구해 보십시오.

위의 질문 가운데 대답할 수 있는 질문이 있습니까? 때로는 대답하기 어려운 질문이 쉽게 대답할 수 있는 질문보다 중요할 수 있습니다. 대부분의 경우 자신이 선택한 나라의 주식이 무엇인지 잘 모르는데, 이것은 상상력과 직관을 발동할 수 있는 좋은 기회가 됩니다.

마음이 끌리는 지역을 통한 전생 유도법

이번에는 나라보다 작은 지역으로 전생을 탐구하는 방법입니다.

자신이 사는 나라에서 가보고 싶은 지역이 있다면 그곳은 어디입니까? 그곳에서 발견하게 될 것들을 상상하십시오. 사물, 분위기, 사람들, 색깔, 음악 등 마음속에 떠오르는 것은 모두 자연스럽게 포함시키십시오. 충분한 시간을 들여서 인상을 떠올려 보고 준비가 되면 다음과 같은 질문을 던집니다.

1) 어느 지역을 가보고 싶습니까?

2) 그곳에서 무엇을 발견할 것 같습니까? 예상되는 모든 것을 상상하십시오.

3) 그렇게 상상해 본 사물들이 어떤 기분을 불러일으킵니까?

4) 그 지역과 관련해서 특정한 부류의 사람들이 연상됩니까? 또 사람들에 대해서는 어떤 느낌이 듭니까?

5) 영화나 텔레비전에서 본 그 지역과 관련 있는 이야기들을 나열해 보십시오. 그중 당신에게 생생한 감정을 불러일으키는 이야기가 있습니까?

6) 그 지역과 관련하여 특별히 연상되는 음식이 있습니까? 그 음식을 좋아하는 편입니까?

7) 집 안에 그 지역을 상기시켜 주는 물건이 있습니까? 있다면 그것은 무엇이며 어디에 있습니까?

8) 당신의 삶 속에 그 지역에 대한 관심이 나타나는 측면이 있습니까?

9) 그곳을 방문해 본 적이 있습니까? 있다면 그 여행에서 가장 인상 깊었던 추억은 무엇입니까?

10) 그 지역의 역사 가운데 특별히 관심 가는 부분이 있습니까?

11) 자신이 그 지역을 방문하여 전생을 기억해 낸다는 가정 하에 그 내용을 상상한 다음 이야기가 완성되면 일지에 기록하십시오.

많은 사람이 이 방법을 통해 수많은 기억과 느낌을 되살려 냈습니다. 이것은 마음이 맞는 사람과 함께 또는 혼자 해볼 수 있습니다. 혼자 시도한다면 몸과 마음을 충분히 이완시킨 상태에서 마음이 자유롭게 흘러가게 해야 합니다. 상상 속의 친구에게 편지를 쓰는 형식으로 특정 지역에 관한 느낌이나 단서, 그리고 이야기를 적어 보는 것도 좋습니다.

자신의 반응을 분석하는 단계에서는 현재의 상황과 유사한 경향이 없는지 주의하여 살펴보십시오. 단, 전생 상상을 통해 기억을 떠올릴 때에는 그것이 현실 도피나 합리화의 도구가 아닌 현재의 삶을 보다 나은 것으로 만드는 데에 진정으로 도움이 되도록 상상의 방향을 지혜롭게 선택해야 합니다.

백일몽을 통한 전생 유도법

이제 상상력을 한층 더 활용해 볼까요?

그것은 백일몽이라고 불리는 특별한 상상력의 세계로 들어가는 것입니다. 우리의 표면의식은 과거생의 단서를 모으고 분석하는 데 없어서는 안 될 소중한 도구입니다. 그렇지만 잠재의식은 전생에 관한 무수한 기억들이 보관된 저장고임을 잊지 말아야 합니다. 어찌되었든 우리가 일단 기억을 떠올리면 잠재의식이 발동하기 시작합니다.

그런데 문제는 잠재의식의 활동 내용이 좀처럼 의식의 표면으로 떠오르지 않는다는 것입니다. 백일몽은 그런 잠재의식의 활동을 의식의 표면으로 끌어올릴 수 있는 중요한 테크닉입니다.

백일몽은 꿈과 비슷하지만 결코 잠자는 것이 아닙니다. 주변 상황을 더 이상 인식하지 못할 만큼 이완되어 있으면서도 의식이 깨어 있고, 필요하다면 어떤 행동도 취할 수 있는 상태입니다. 한마디로 말해 백일몽은 최면이 아니며, 외부의 영향력에 마음을 내맡기는 상태가 아니므로 스스로 생각할 수 있는 능력을 고스란히 유지합니다.

백일몽에 들어가기 위해서는 몸과 마음의 완전한 이완이 필수적입니다. 일단 분석적인 마음은 휴가를 보내고 편안한 자세로 앉거나 눕도록 합니다. 그러고 나서 눈을 감고 깊이, 그리고 천천히 호흡하십시오. 모든 근육의 긴장을 풀고 육체적인 느낌이 사라질 때까지 다음과 같은 방법으로 이완하십시오. 물론 자신의 마음에 드는 어떤 방식으로든 심신을 이완시킬 수 있습니다.

정신적 이완

1) 조용히 이완 상태에 들어갈 준비를 하십시오. 가장 편안한 자세를 취한 다음 마음을 진정시켜야 합니다(5초). 평화로운 백일몽 속에 들어가면 결코 의식을 잃지 않으리라고 확신하십시오. 생각 역시 당신의 통제 하에 놓이게 될 것입니다.

2) 정신을 흩뜨리는 것들을 무시할 만큼 몸과 마음이 이완된 상

태지만 주변 상황을 완벽하게 의식할 수 있습니다(5초). 주변에서 무언가 주의력을 필요로 하는 일이 발생하면 완전한 의식으로 반응할 수 있음을 알아 두십시오.

이제 당신은 무의식의 이미지를 느낄 수 있도록 정신적으로 완전한 이완 상태에 들어갔습니다.

육체적 이완

1) 눈을 감고 천천히 깊게 3초 간 숨을 들이쉬었다가 다시 3초 간 내쉬는 동작을 세 번 반복합니다.

2) 이번에는 주의력을 5초 간 발에 집중시킵니다. 이때 발 안을 의식하면서 이완하는데, 그 부분의 근육이 긴장되어 있다고 느껴지면 3초 간 일부러 힘을 주었다가 5초 간 힘을 빼면서 긴장을 푸십시오.

3) 서서히 다리로 의식을 옮겨 와서 5초 간 긴장된 부위가 없는지 살펴보십시오. 역시 3초 간 다리 근육에 힘을 주었다가 5초 간 이완시킵니다.

4) 이제 엉덩이로 올라와 5초 간 상태를 지켜본 후 3초 간 긴장시켰다가 5초 간 이완시킵니다.

5) 그 다음에는 배와 허리로 의식을 옮겨 5·3·5초 간의 과정을

반복합니다.

6) 가슴과 어깨로 의식을 옮겨 긴장된 부위를 찾아 마찬가지로 5·3·5초의 과정을 실천하십시오.

7) 다음은 목의 차례입니다. 역시 5·3·5초 간의 과정을 적용합니다.

8) 그 다음 얼굴 근육을 5초 간 의식하면서 완전히 이완시키십시오.

9) 눈을 살며시 감고 5초 간 눈에서 힘을 뺍니다.

10) 다음에는 5초 간 턱을 이완시키고 두피도 5초 간 긴장을 푸십시오.

11) 마지막으로 5초 간 전신의 긴장을 풉니다.

12) 그리고 나서 5초 간 온몸에 황금빛 광선을 받으며 모든 긴장이 허리를 타고 밖으로 빠져 나간다고 상상합니다.

13) 호흡이 자연스럽고 순조롭게 이루어지도록 10초 간 숨을 고르십시오.

이제 당신은 완전히 이완된 상태입니다. 그럼 흔히 활용되는 백일몽 가운데 하나인 옷장 환상을 시작하십시오.

옷장 환상

1) 자신이 넓고 텅 빈 방 한가운데 서 있는 모습을 상상합니다. 그

곳은 즐겁고 햇살이 가득 찬 방입니다(5초).

2) 방 안에 커다란 옷장이 놓여 있는 모습을 그려 보십시오(5초).

3) 자신이 그 옷장에 다가가는 모습을 상상하십시오(5초).

4) 손잡이를 잡고 조금씩 문을 엽니다(5초).

5) 그 안에서 옷으로 가득 찬 가방들을 봅니다(5초).

6) 손을 집어넣어 옷장 안에 있는 여러 개의 가방 가운데 하나를 꺼냅니다(5초).

7) 가방을 엽니다(5초).

8) 그 안에서 완벽한 옷 한 벌을 발견합니다(5초).

9) 가방 안에서 옷을 꺼내 주의 깊게 살펴봅니다. 그것은 어떤 옷입니까(5초)? 어떻게 생겼습니까(10초)? 촉감이 어떻습니까(10초)?

10) 이제 그 옷을 입어 봅니다(5초). 옷이 몸에 딱 맞습니다. 옷을 입어 본 느낌이 어떻습니까(10초)?

11) 뒤에 있는 거울에 자신의 모습을 비춰 봅니다(5초). 그 옷을 입으니 자신이 어떻게 보입니까(10초)? 혹시 얼굴 모양이 바뀌지 않았습니까(10초)? 그 옷을 입은 자신에 대해 어떤 느낌이 듭니까(10초)? 그 모습이 특별한 인상이나 감정을 불러일으키지는 않습니까(10초)?

12) 이제 그 옷을 입고 어디로 갈 것인지 무엇을 할 것인지에 대해 잠시 생각해 보십시오.

일단 백일몽이 끝나면 그 체험에 대해 조용히 생각하면서 다음과 같은 질문에 답변하십시오.

1) 그 옷은 어떤 모양이었습니까? 그 모습을 그림으로 그리거나 말로 설명해 보십시오.

2) 그 옷을 가방에서 꺼낼 때 어떤 느낌이 들었습니까? 그리고 입을 때는 어떤 기분이었습니까?

3) 그 옷을 입은 자신이 어떻게 보였습니까? 지금의 모습과는 다르지 않았습니까? 여기에서는 단지 옷뿐만 아니라 착용하고 있던 장신구나 외모의 모든 변화, 예를 들어 헤어스타일이나 손톱 길이의 변화 등을 자세하게 묘사하십시오.

4) 그 옷을 입어 보니 어떤 기분이 들었습니까? 그것이 혹시 마음가짐이나 감정의 변화를 불러일으키지는 않았습니까? 그런 감정이나 마음가짐이 현재 자신의 내면에 남아 있다고 생각됩니까?

5) 그 옷을 입고 어디에 가려고 했습니까? 또 무슨 일을 하려고 했습니까?

6) 그 옷과 관련하여 생각나는 장소, 역사 혹은 사람이 있습니까?

7) 그 옷과 관련하여 기록해 놓고 싶은 그 밖의 생각이나 인상이 있습니까?

백일몽 상태에 들어가면 이완된 상태를 유지해야 함을 명심하십시오.

의식적으로 이미지를 만들어 내려고 할 필요는 없으며 그저 무의식 속에서 떠오르는 이미지를 여과 없이 받아들여 신중하게 살펴보도록 합니다. 시각에만 매달리지 말고 청각·후각·촉각을 모두 활용하여 가능한 한 이미지를 꼼꼼하게 살펴보십시오. 바로 이런 집중력을 통해서만 환상의 세계 속에 완전히 빠져 들 수 있는 것입니다.

영화를 보듯이 백일몽의 세계를 구경하는 것도 좋지만 더 가치 있는 경험을 하고 싶다면 다른 관점이 필요합니다. 즉 자신이 직접 그 세계 속에 들어가 시나리오의 일부가 되는 것입니다. 상상 속의 몸으로 그림 속에서 벌어지는 모든 동작이나 활동의 감각을 느껴 실제로 그런 세계를 경험하는 것처럼 생각해 보십시오.

백일몽 도중에 질문을 받겠지만 백일몽이 끝날 때까지는 답을 종이에 옮겨 적지 마십시오. 그런 것들을 묻는 목적은 환상의 의미를 이해하는 데 도움이 되기 위해 이미지의 세세한 부분까지 주의력을 유도하고자 하는 것이므로, 될 수 있으면 자신의 페이스를 유지한 채 백일몽 속에 오랫동안 머물며 때가 되면 자연스럽게 끝맺으십시오.

백일몽의 유도 과정은 혼자 하기 쉬우니 내용을 미리 테이프에 녹음해 두거나 마음이 맞는 친구에게 부탁해도 됩니다. 백일몽이 끝나면 새로이 얻은 자신에 대한 이해와 통찰로 자신의 삶을 되돌아보십시오.

3. 기구를 이용한 전생 탐구

현재 분석이나 상상을 통한 과거와의 접촉이 어렵다면, 말하자면 잠재의식에 들어가는 것이 쉽지 않다면 여러 가지 기구를 이용할 수 있습니다. 명상 상태에 들어가지 않고도 내적인 자아와 쉽게 접촉할 수 있는 방법이 바로 점막대, 펜듈럼, 수정구 같은 기구들을 이용하는 방법입니다.

점막대 이용법

우리는 언제나 미처 깨닫지 못하는 사이에 다른 사람이나 사물 등 하늘과 땅에 속한 온갖 외부의 에너지들과 상호 작용을 합니다. 우리의 표면의식은 대개 그 작용을 의식하지 못하지만, 잠재의식은

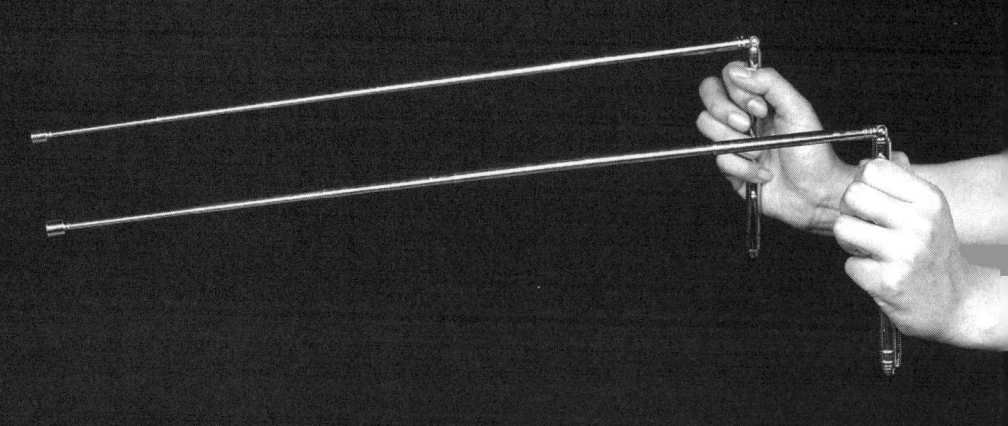

점막대 쥐는 요령

1. 어깨와 팔에 힘을 빼고 양 팔꿈치를 90도로 구부려 옆구리에 붙인다.
2. 점막대 손잡이를 검지로 살짝 쥐고 새끼손가락으로 받친다.
 이때 중지와 약지는 손잡이에 가볍게 얹는다.
3. 점막대 끝은 약간 아래로 하여 평행 상태를 유지한다.

아무리 미묘한 에너지 작용이라도 빠짐없이 기록해 둡니다.

점막대는 이러한 방사 에너지를 측정하는 도구로, 우리가 삶 속에서 마주치는 미묘한 에너지장을 분간할 수 있게 해줍니다. 또한 직관과 연결되는 매개체이기도 하여 열린 마음으로 접근하기만 하면 거의 모든 사람이 이용할 수 있습니다. 점막대로는 나무, 플라스틱, 금속 등 다양한 재료가 사용되며 L자형 막대, 심지어 옷걸이도 톡톡히 그 역할을 해낼 수 있습니다.

그리고 점막대는 신경 체계와 그것을 통해 작용하는 잠재의식, 주변의 에너지장 간의 연결 고리 역할을 하는데, 점막대를 움직이는 힘은 다름 아니라 신경 체계에서 전달된 전자적 신호입니다.

펜듈럼의 흔들림도 이러한 맥락에서 해석할 수 있으며 그러한 움직임은 잠재의식이 신경 체계를 거쳐 보내는 자극을 통해 발생합니다.

점막대 원리를 전생 탐구에 적용하기 위해서는 우선 인간 또한 일종의 에너지 시스템이라는 사실을 이해해야 합니다. 인간이 주고받는 에너지는 단순히 빛과 소리, 전기, 자장, 열기 등에 국한되지 않습니다. 우리는 어디를 가든 자신의 에너지를 남겨 놓게 마련입니다. 쉬운 예로 어린 시절 자신의 방과 형이나 언니의 방, 부모님의 방이 주는 느낌이 각각 달랐던 것을 떠올려 보면 얼른 이해가 갈 것입니다.

점막대나 펜듈럼을 이용하여 머나먼 시공간에 남겨진 자신의 에너지에서 나오는 주파수나 진동을 찾음으로써 전생의 기억을 더듬게 되는 것입니다.

점막대가 준비되었으면 이제는 사용법을 익힐 차례입니다.

Y자형 나뭇가지는 양 끝을 두 손으로 가볍게 쥐고 나뭇가지 끝을 약간 쳐든 채 조심스럽게 걸어가다 찾는 대상과 가까워지면 끝이 밑으로 처집니다. L자형 막대 사용법은 Y자형 나뭇가지의 사용법과 똑같은데, 팔꿈치는 허리에 붙이고 가슴 높이를 유지하면서 막대의 양 끝이 약간 밑으로 처지게 하십시오. 에너지원이 발견되면 L자형 막대의 양 끝이 활짝 벌어지거나 모이게 되지만, 그것은 개인에 따라 다릅니다.

무엇보다 점막대에 대한 자신만의 느낌과 이용 방식에 익숙해지는 것이 중요합니다. '예'라는 대답이 나올 만한 질문을 한 후 점막대가 나타내는 반응을 보면서 잠재의식이 결정한 '예·아니오'의 반응을 찾아내야 합니다.

예를 들어 월요일인 경우, '오늘은 월요일입니까?' 라는 질문을 하여 점막대가 벌어졌다면 막대가 벌어지는 것이 '예' 라는 표시인 셈입니다. 당신에게 있어서 막대가 벌어지는 것과 모아지는 것은 각각 무엇을 의미합니까?

자신의 뜻에 따라 '예·아니오'를 정해도 좋습니다. 말하자면 벌어지는 것을 '예'로, 모아지는 것을 '아니오'로 정한 다음 점막대를 쥐고는 마음속으로 앞으로 그렇게 반응하라고 명령을 내리는 것입니다.

점막대를 이용하여 과거생을 찾아내는 가장 간단하며 전통적인 방법은 펼쳐 놓은 지도 위에 점막대를 들고 현재의 자신에게 영향을 미친 전생의 지역이 밝혀지기를 바라는 것입니다. 지도 위로 L자형 막대를 천천히 움직이다 보면 막대 끝이 자신의 질문과 관련된 지점으로 움직이게 됩니다.

이때는 '현재 나에게 중대한 영향을 미치고 있는 전생은 어디에서 체험했을까? 전생 탐구를 어디부터 시작해야 할까? 내게 중요한 전생의 지역은 어디일까?' 등과 같은 질문이 효과적입니다.

세계 지도를 이용하여 가장 먼저 탐색해야 할 대륙을 찾아냅니다. 그런 다음 더 세부적인 지도나 대륙별로 나라 이름이 기재된 차트를 이용하여 범위를 좁히는 것입니다.

이런 식으로 해서 특정 지역이 결정되면 다음에는 관련 시대를 찾아야 합니다. 간단하면서도 도움이 될 만한 시대별 차트를 만든 다음 그 위로 L자형 막대를 들고 탐색하기로 결정한 전생의 시대를 묻습니다. 그렇게 해서 17세기의 조선 땅에서 겪은 자신의 전생을 알고 싶다면 '나는 1610년대에 태어났을까, 아니면 1620년대에 태어났을까?'와 같은 질문으로 시간대를 좁혀 갑니다.

점막대는 오로지 '예·아니오'로만 대답한다는 사실을 다시 한 번 상기하십시오. 이는 펜듈럼도 마찬가지입니다. 따라서 점막대나 펜듈럼을 이용할 때는 개방형 질문이 아닌 폐쇄형 질문을 던져야 합니다. 이를테면 '당신은 파란색을 좋아합니까?'는 폐쇄형 질문이지만 '당신은 어떤 색을 좋아합니까?'는 개방형 질문입니다.

구체적인 시간대가 결정되면 다음과 같은 질문으로 전생을 상세하게 알아보십시오.

1) 나는 남자(여자)였을까?
2) 나는 부자였을까?
3) 나는 결혼을 했을까?
4) 나는 가족이 있었을까?
5) 나는 자식이 있었을까? 하나? 둘? 셋?
6) 나는 장사를 하면서 살았을까?
7) 그때의 가족 중에서 현재 내 삶에 들어와 있는 사람이 있을까?
8) 그들은 현재도 내 가족의 일원일까?

원하는 정보를 얻기 위해서는 요령 있게 범위를 좁혀 가면서 적절한 질문을 던질 줄 알아야 합니다. 가능한 한 구체적인 질문을 많이 던지도록 하며 결과는 빠짐없이 일지에 적어 둡니다. 요령을 터득하면 전생의 장소, 시대, 사람을 현재 속에서 발견할 수 있을 것입니다.

운이 좋으면 그들과 관련한 교훈을 알아낼 수도 있습니다. 점막대로 모든 해답을 얻을 수 있는 것은 아니지만 최면과 명상, 관조 등을 통해 알아볼 만한 귀중한 정보는 충분히 얻을 수 있습니다.

펜듈럼 이용법

펜듈럼은 점막대에서 비롯된 것이며 작동 원리 역시 흔들림에 따라 가부를 결정짓는 방식입니다.

펜듈럼은 집 안 어디에나 있는 간단한 물건으로 얼마든지 만들 수 있습니다. 단추, 반지, 크리스털 등은 흔히 쓰이는 펜듈럼의 재료인데 원형이나 구형, 원통형 물건이 적당하며 좌우 대칭을 이루는 재료를 이용하면 최고의 효과를 거둘 것입니다. 또한 실이나 줄, 사슬 따위에 매달아 자유롭게 흔들릴 정도의 무게를 가진 것이어야 합니다.

펜듈럼 사용법은 점막대를 이용하는 법만큼이나 쉽고 간단합니다.

펜듈럼 쥐는 요령

1. 사진과 같이 손가락 사이에 펜듈럼 줄을 끼우고 엄지와 검지를 아래로 하여 쥔다.
2. 추와 손가락 끝 사이의 간격은 약 5센티미터 정도가 적당하다.
3. 팔꿈치를 탁자에 받치고 하는 것이 편하면 그렇게 해도 상관없다.

책상이나 테이블 앞에 앉아서 발을 바닥에 붙이고 팔꿈치를 책상 위에 편안하게 올려놓은 다음 엄지와 검지로 펜듈럼 줄의 끝을 잡습니다. 마음을 진정시키고 천천히 부드럽게 시계 방향으로 펜듈럼을 돌리다가 잠시 후 멈추고 이번에는 반대 방향으로 돌립니다. 그러고 나서 수직이나 수평, 대각선 방향으로 움직여 보십시오. 이런 식으로 펜듈럼을 돌리며 연습하여 움직임에 익숙해지는 것이 중요합니다.

다음 단계는 점막대와 마찬가지로 자신만의 '예·아니오'의 반응 방식을 알아내거나 정해 둡니다. 이를테면 수직 운동은 '예', 수평 운동은 '아니오'를, 또는 시계 방향 회전은 '예', 시계 반대 방향 회전은 '아니오'를 상징하는 식으로 말입니다.

자신만의 반응 방식이 정해지면 이미 대답을 알고 있는 일련의 질문을 던져 잠재의식과의 교신 체계가 제대로 자리 잡았는지 확인해야 합니다.

이런 식으로 하다 보면 움직임의 방향, 속도, 강도 등이 모두 일정한 의미를 지니게 되므로 며칠 동안 되풀이하여 자신만의 방식을 터득하면 본격적으로 전생 탐구에 들어갑니다.

점막대의 경우와 같은 질문과 지도를 이용하여 '예·아니오'의 반응을 얻습니다. 지도 위에 펜듈럼을 들고 지나가면서 정신을 집중하고 질문을 던져 보십시오. 시대에 관해서도 같은 방식으로 하면 됩니다. 이렇게 해서 지역과 시대가 결정되면 보다 구체적인 질문을 갖고 펜듈럼을 이용한 결과를 빠짐없이 일지에 기록합니다.

현재 분석법에도 얼마든지 펜듈럼을 응용할 수 있으며 이미 스스로 전생의 기억을 찾아내기 시작한 사람 역시 펜듈럼을 이용하여 깊이 있게 전생을 조사할 수 있습니다.

자신이 새로운 전생 탐구 방법을 시도할 준비가 되었는지, 며칠 전에 꾼 기이한 꿈이 전생의 기억에서 비롯된 것인지, 현재의 배우자가 전생에서 알고 지내던 사람인지, 그 밖의 모든 의문에 펜듈럼을 이용해 보십시오.

손가락 이용법

굳이 펜듈럼이나 점막대 따위를 이용하지 않고 손가락 운동을 통해서 무의식적인 신호를 감지하기도 합니다.

이 방법을 시도하고 싶다면 편안한 의자에 앉아서 두 팔을 팔걸이 위에 올려놓으십시오. 그 다음 긴장을 풀고 펜듈럼을 이용할 때와 마찬가지로 '예·아니오' '다른 방식으로 물어 보시오'의 의미를 지닌 반응 방식을 손가락마다 정해 둡니다. 이 경우에는 펜듈럼 대신 각 반응에 해당하는 손가락이 저절로 움찔움찔함으로써 무의식의 메시지를 전달합니다. 질문과 탐구 요령은 점막대와 같습니다.

거울 이용법

거울을 이용할 때는 촛불과 같이 어슴푸레한 불을 켜놓고 전생 탐구에 들어가는 것이 좋습니다. 명상이나 최면을 할 때처럼 자신을 완전히 이완시킨 상태에서 거울 앞에 선 채 자신의 모습을 바라보며 그것이 곧 전생의 모습으로 바뀔 것이라는 암시를 겁니다.

이때 거울을 지켜보다 극심한 변화에 충격을 받을 수 있으므로 주의해야 합니다. 변화에 마음이 불편해지면 곧바로 탐구를 끝내도록 하십시오.

수정구 응시법

롭상 람파는 《제3의 눈》에서 수정구 투시는 제3의 눈, 즉 양미간에 위치한 영안(靈眼)에서 비쳐지는 방사선을 집중시키는 역할을 한다고 설명하고 있습니다. 그에 따르면 수정구는 제3의 눈으로 사람의 잠재의식을 꿰뚫어 기억에 남아 있는 사실을 취합할 수 있습니다.

수정구 응시를 통한 전생 퇴행은 최면 퇴행처럼 아주 상세하고 생생한 결과를 가져옵니다. 두 경우의 차이점은 자기 통제가 가능

수정구 응시 요령

1. 편안한 자세로 앉아 5분 정도 눈을 감고 마음을 안정시킨다.
   수정구에는 어떠한 빛도 반사되어서는 안 된다.
2. 보고자 하는 영상에 대한 염원을 수정구 안쪽의 깊숙한 곳에 집중해 응시한다.
3. 눈동자를 움직이지 말고 가능한 한 자주 깜박이지 않는다.
4. 수정구 집중 시간은 5분 정도면 충분하다.
5. 연습은 매일 같은 시간에 하는 것이 좋다. 연습을 통해 차츰 시간을 늘려 나가면 20~30분 정도 눈을 깜박이지 않고 응시할 수 있게 된다.
   그러나 무리해서는 안 된다.

하냐 아니냐 하는 것인데, 수정구 응시법을 이용하면 수정구를 통해 자신의 의지를 유지한 채 퇴행 과정에 들어갈 수 있기 때문에 더욱 좋은 조건으로 퇴행에 임할 수 있습니다. 또 최면의 경우처럼 자기 통제력을 상실할까 봐 걱정하지 않아도 됩니다.

다음은 전생 퇴행을 위해 수정구 응시를 시도할 경우에 지켜야 할 사항들입니다.

1) 수정구 응시법은 반드시 수정구가 아니더라도 상관없으므로 응시할 대상, 즉 일종의 반사경을 준비하면 됩니다. 수정구는 물론 거울, 새까만 원판 등 어느 것이나 좋습니다. 심지어는 물이 담긴 접시를 보고도 전생 탐구에 성공한 사람이 있습니다.

2) 수정구를 사용하고 싶다면 굳이 윤나게 잘 다듬어진 비싼 것을 구입할 필요는 없습니다. 다만 될 수 있으면 흠집이 없는 것이 좋으며, 있더라도 약한 빛 속에서 거의 눈에 띄지 않을 정도여야 합니다. 또한 직사광선에 노출되지 않은 것이어야 합니다. 직경 8~10센티미터 정도의 것이 알맞으며, 유리로 만들어진 것이라도 필요한 예비 경험을 얻기에는 충분합니다.

수정구를 새로 사면 흐르는 물에 씻어서 잘 말린 다음 검은 헝겊에 받쳐 들고 꼼꼼히 살펴보면서 자신이나 다른 사람의 지문을 지워 내십시오.

3) 처음 1주일은 예비 기간입니다. 건강에 유의하고 근심, 걱정, 노여움을 피합니다. 소식을 하고 간장이나 소스 종류, 튀긴 음식은 피해야 합니다. '보려는 의식'을 품지 않도록 하고 자주 수정구를 다루어 인체 자기의 일부를 수정구에 옮기며 그것과 친숙해지도록 합니다.

수정구를 다루지 않을 때는 상자 속에 넣어 두어 다른 사람이 함부로 만지는 일이 없게 하고 직사광선을 피해야 합니다. 또 수정구를 올려놓을 받침대와 밑에 깔 검은색 벨벳을 준비하십시오. 검은색 벨벳은 수정구가 불필요한 이미지에 물들지 않게 해줍니다.

4) 1주일이 지나면 창문이 있는 조용한 방으로 수정구를 옮깁니다. 수정구를 응시하는 시간은 직사광선이 없고 지나가는 구름 때문에 방 안이 어른거리지 않는 저녁때가 좋습니다. 등을 창에 대고 가장 편안 자세로 앉습니다. 수정구를 손에 들고 표면에 반사상이 있는지 살펴보십시오. 커튼을 치거나 앉은 자리를 바꾸어 반사상을 제거합니다. 이때 촛불은 가장 좋은 조명이 됩니다. 각기 다른 각도와 거리에서 비추어 보아 가장 효율적으로 빛이 분산되는 각도로 수정구를 놓으십시오.

5) 모든 준비가 되었으면 수정구를 받쳐 든 다음 몇 초 동안 이마

를 대었다가 천천히 뗍니다. 그리고 손바닥에 수정구를 올려놓은 채 아래로 내려 손등을 무릎 위에 편안히 올려놓습니다. 이것은 수정구를 자기 것으로 만드는 과정입니다. 수정구의 표면을 느긋하게 바라보다가 시선을 차츰 수정구 속으로 옮겨 가 중심부를 응시하십시오. 이때 마음을 비우고 무엇을 보겠다는 생각이 없어야 하며 무엇이든 강한 느낌을 배제해야 합니다.

6) 응시 시간은 5분에서 시작하여 조금씩 늘려 7일째 되는 날에는 30분 정도 응시할 수 있어야 합니다. 그러다 보면 수정구의 윤곽이 물결치거나 부풀어 오르며 자신이 그 속으로 빨려 들어가는 느낌이 들 수도 있으나, 놀라지 말고 계속 연습하십시오. 그러면 어느 날 안개가 걷히는 모습과 더불어 첫 번째 광경이 보일 것입니다.

7) 앞 단계에서 전생의 모습을 보고 싶으면 그저 '전생의 모습을 보게 된다'라고 말하면 됩니다. 수정구 응시법은 믿기만 하면 원하는 것을 보게 됩니다. 예를 들어 '나는 이제 알고자 하는 것을 보게 된다' 라는 암시로 원하는 정보를 얻을 수 있습니다. 그러나 개인적 이득을 위해서, 혹은 남을 해치기 위해서 이용하는 것은 금물입니다. 만일 이를 어긴다면 엄한 카르마를 겪게 됩니다.

이 단계에서는 정상적인 최면 기법에 따라 암시를 걸 수도 있습니다. 자신의 녹음 테이프를 틀고 이완 상태에 들어가십시오. 심신이 충분히 이완되어 퇴행 체험에 들어갈 준비가 되면 자신에게 눈을 뜨고 수정구를 응시하라고 말하십시오.

8) 수정구는 보통 실제 광경이나 어떤 상징, 인상 내지는 느낌을 보여 줍니다. 특히 보이는 것 없이 결정적인 인상이나 느낌을 얻었을 경우에는 자신의 편견이나 취향, 개인적인 감정을 버리는 것이 중요합니다. 이런 과정에서 알게 된 사실을 함부로 이야기해서는 안 되며 오직 선을 위해서만 사용해야 합니다. 따라서 수정구 응시법을 이용하려면 먼저 동기와 목적이 분명해야 합니다.

이 수정구 응시법에서 성공의 열쇠는 성공하기를 간절히 바라는 마음과 심신이 완전히 이완되었는지의 여부입니다. 많은 사람이 놀랄 만한 경험을 하기를 원하면서도 스스로 실패를 예언합니다. 그런 부정적인 자기 예언은 실제로 일을 틀어지게 만듭니다.

그리고 수정구 응시를 시작할 경우, 혼자 있을 때 자칫 부정적인 분위기에 휩싸이면 부정적인 경험을 할 수 있으므로 자기를 보호하기 위해 심상화와 암시에 주의를 기울여야 합니다.

색인 카드 기법

매우 안전하면서 성공적으로 전생의 기억을 떠올릴 수 있는 수단으로는 색인 카드 기법이 있는데, 이것은 색인 카드에 자신이 원하는 바를 적고 몇 주일 동안 매일 10~15번씩 그것을 보는 방법입니다.

카드에 적는 암시문은 '나는 이제 전생을 기억하게 될 것이다'와 같이 간단할 수도, '다음에 명상에 들어갈 때는 한층 깊은 의식 상태로 들어가 자세한 전생을 기억하게 될 것이다'와 같이 구체적일 수도 있습니다. 다른 기법들과는 달리 색인 카드 기법은 최면 상태가 아닌 정상적인 의식 상태에서 자신의 잠재의식에게 반복적으로 메시지를 전달합니다.

기본적인 자기 최면 기법과 마찬가지로 이 방법 역시 2주일 정도 꾸준히 실천하면 잠재의식이 서서히 반응을 보이기 시작할 것입니다. 그것은 평상시 직관의 번득임을 통해 나타나기 때문에 여러모로 안전하면서도 편리합니다. 이를테면 여유 있게 커피를 한 모금 마시는 순간 전생에 중국에서 차를 마셨던 기억을 떠올릴 수도 있습니다.

4. 꿈을 통한 전생 탐구

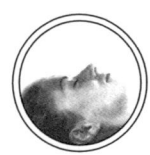

유명한 전생 연구가인 한스 홀러 박사는 수면중에는 표면의식의 저항이 약해지기 때문에 종종 꿈을 통해 전생 기억이 떠오른다고 하면서 다음과 같은 사례를 보고한 적이 있습니다.

캘리포니아에 사는 톰슨이란 여자는 열 살 때부터 미국의 어느 지방 도시에 사는 중년 여성으로서의 자신의 모습을 꿈꾸기 시작했습니다. 그 도시가 구릉 지대 한가운데에 자리 잡은 모습, 도로 사정, 상가의 위치 등을 소상하게 묘사할 수 있을 정도로 그 꿈은 계속되었습니다.

열여덟 살 때 그녀는 미국 횡단 여행을 하다가 우연히 오하이오 주 자네스빌에 들어섰는데 강력한 기시감을 느끼면서 자신이 꿈에서 수없이 보았던 바로 그곳임을 직감했습니다. 그녀는 그곳에 처음 들어서는 순간 '집들이 훨씬 많아졌구나'라는 생각이 들었던 것입니다.

전생과 관련된 꿈을 꿀 경우에는 즉시 자신이 전생의 한 장면 속에 와 있음을 자각하는 경우가 많습니다. 말하자면 일반적인 꿈과 전생에 대한 꿈을 직감적으로 구별하는 것입니다.

또한 우리는 꿈속에서 자신이 다른 나라, 혹은 다른 시대의 옷차림을 하고 있거나 다른 문화에 놓여 있거나 현재와는 전혀 다른 신체를 갖고 있는 모습을 보고 전생과 관련 있음을 깨달을 수 있습니다. 이 밖에 현실과 전혀 관계없는 내용인데 잊혀지지 않을 정도로 깊고 강한 영향을 미치는 꿈이라면 전생과 관련이 있다는 사실을 염두에 두어야 합니다.

대개 전생꿈은 무의식이 전생의 기억을 펼쳐 보이기 시작하는 최초의 방식입니다. 원래 수면 상태의 의식은 활동중일 때에 비해 정보를 한결 쉽게 받아들입니다.

우리는 흔히 표면의식이나 최면 상태와 같은 변이의식 상태에서 전생의 기억과 마주치기 전에 그 사건에 대한 예고나 예시로서 그에 대한 꿈을 꿀 수 있습니다. 이를테면 어떤 꿈은 무의식이 표면의식과 심오한 대화를 나누기 위해 발송하는 초대장인데, 전생꿈도 바로 그 속에 포함되는 셈입니다.

심신 이완을 통한 꿈 기억법

1단계 졸음을 수반하는 모든 약을 끊으십시오. 졸음을 가져오는 술이나 약 따위는 꿈 기억을 방해하는 속성을 지니고 있기 때문입니다.

2단계 침대에 누워 마음을 비우고 천천히 호흡하는 훈련을 하십시오. 긴장을 풀고 몸과 마음을 편안히 하여 의식 속으로 들어가기 위해서는 깊고 천천히 호흡하는 것이 필수적입니다.

3단계 일상적인 걱정이 모두 사라진다는 암시를 거십시오. 마음 속으로 또는 소리 내어 모든 잡념이 사라지고 평화 속에서 심신이 이완된다고 속삭이는 것입니다.

4단계 천천히 깊게 호흡하면서 발가락에서부터 머리끝까지, 발가락 → 발 → 무릎 → 허벅지 → 엉덩이 → 배 → 손 → 팔 → 등 → 목 → 머리 → 전신의 순서로 차례차례 긴장과 통증이 사라진다고 상상하십시오. 이러한 심신 이완은 머리 끝에서부터 시작하여 발가락 끝까지 역순으로 해도 됩니다.

5단계 온 몸과 마음의 긴장이 풀어지면 이제부터 꿈을 기억하게 될 것이라고 마음속으로 또는 소리 내어 암시를 거십시오. 그리고 잠들기 바로 전에 마지막으로 이 암시를 생각합니다. 잠들기 직전 평소의 걱정과 잡념이 마음속을 차지한다면 이제까지의 수고는 허사가 됩니다. 잠들기 직전 꿈 일지에 날짜를 적어 두는 것도 꿈 내용을 기억하고자 한다는 의사 표현이 될 수 있습니다.

6단계 어떤 꿈을 꾸었든 잠에서 깨어나자마자 내용을 기록하십시오. 꿈은 깨어나는 즉시 망각의 안개 속으로 사라지는 경향이 있기 때문입니다.

꿈 기억력을 높이기 위한 힌트들

1) 대부분의 경우 위의 방법을 이용하면 꿈의 내용을 기억하게 되지만 잘 안 되면 다음의 방법을 활용합니다. 한밤중이나 잠에서 깨기 1~2시간 전이나 30분 전쯤에 자명종이 울리도록 맞추어 놓습니다. 그러면 꿈을 꾸는 도중에 소리를 듣고 잠에서 깨어나게 되는데, 이때 즉시 꿈의 내용을 일지나 녹음기를 사용하여 기록해 둡니다. 이렇게 자명종을 이용하여 꿈의 내용을 어느 정도 되살리다 보면 스스로 꿈의 내용을 기억할 수 있게 될 것입니다.

2) 꿈을 기억하는 데에 도움이 되는 영양분인 필수 아미노산이 함유되어 있는 고기나 치즈, 우유 등을 섭취하는 것도 좋습니다. 필수 아미노산인 페닐알라민은 수면 시간을 줄여 주어 꿈 기억력을

강화시킵니다.

3) 가족이나 친구, 꿈 토의 그룹과 함께 정기적으로 꿈 내용에 대한 이야기를 나누는 것도 좋습니다.

4) 진실한 자세로 잠재의식이나 초의식이 보여 주는 것을 수용하려는 탐구하는 마음, 열린 마음을 가져야 합니다. 잠재의식이나 초의식은 따를 준비가 되어 있지 않은 사람에게는 결코 지도해 주지 않습니다.

5) 명상을 통해 내면 상태를 조율하는 습관을 가져야 합니다. 명상을 통해 영혼의 소리를 분간할 수 있으면 꿈의 신호를 더욱 예민하게 인식할 수 있습니다.

6) 잠에서 깬 후 잠시 가만히 누운 자세로 꿈의 내용을 자세하게 정리해 보십시오. 꿈을 기억하는 일을 방해하는 최대의 장애물은 잠에서 깨는 즉시 움직이는 습관이므로 자리에서 일어나면 곧바로 일지에 꿈의 내용을 기록해 두어야 합니다.

7) 꿈을 통해 얻은 지침을 실생활에 응용하십시오. 주어진 선물을 활용할수록 내면 세계는 더욱 풍요로워질 것입니다.

꿈을 이용한 이 방법은 누구나 의지를 갖고 성실하게 연습하면 비교적 간단하게 터득할 수 있는 기술이니 꿈을 잘 기억하지 못한다고 걱정할 필요는 없습니다. 꿈을 기억하기 위한 최고의 방법은 꿈 일지를 기록하는 것입니다.

사람들이 꿈을 기억하지 못하는 이유는 그것을 기억하고 싶다는 뜻을 자신의 내면 세계에 알리지 않았기 때문이므로, 꿈 일지를 작성하면 잠재의식에게 꿈을 기억하겠다는 각오를 보여 주게 됩니다. 또한 꿈 일지를 작성하면 '꿈 기억 근육'을 정기적으로 운동시키는 효과가 있습니다. 꿈 기억 근육이 강해지려면 정기적인 운동이 필요하지만, 열심히 하다가 운동을 게을리 하면 근육은 다시금 힘을 잃게 됩니다. 또한 꿈의 내용을 날마다 기록해 두면 일정한 패턴과 주제가 반복되고 있음을 알게 됩니다.

전생 일지의 일부분을 꿈 일지로 활용해도 되나 꿈 일지를 따로 마련하고 전생과 관련 있는 부분만 전생 일지에 기록해도 됩니다. 머리맡에 종이나 일지, 휴대용 녹음기 따위를 두고 아직 꿈에 대한 기억이 남아 있을 때 내용을 기록으로 남기도록 합니다.

전생꿈 꾸기 훈련법

꿈의 내용을 기억하면 전생꿈을 꾸도록 자신의 잠재의식을 프로그래밍할 수 있습니다. 어떤 내용의 꿈을 꾸도록 프로그래밍하거나 꿈을 이용하여 문제에 대한 답을 얻는 것이 아주 쉽다는 사실을 알아내고 깜짝 놀라는 사람들이 적잖습니다.

고대 그리스인이 '꿈 인큐베이션'이라고 불렀던 이 과정은 다음의 3단계로 이루어집니다.

1단계 잠자기 전 심신을 완전히 이완시킨 다음 답변을 얻고자 하는 문제를 집중적으로 생각합니다. 예를 들어 알고자 하는 전생의 장면이나 숨겨진 전생의 재능에 생각을 모으는 것입니다.

2단계 꿈을 통해 알아내고자 하는 것을 생각한 후에는 자신의 요구 사항을 분명하고 간단하게 정리합니다. 이때 충격을 받거나 고통을 느낄 만한 전생의 기억은 피하도록 합니다.

먼저 펜듈럼을 이용해 특정 질문을 던져도 안전한지 확인하는 것은 좋은 방법입니다. 또는 잠재의식에게 자신이 원하는 꿈을 요구할 때 너무 고통스런 부분은 빼달라고 합니다.

즉 '오늘 밤은 아내와 알고 지내던 고통스럽지 않은 전생을 꿈꾸고 싶다' 라든가 '오늘 밤 나는 현재의 직장 상사와의 관계를 이해할 수 있는 고통스럽지 않은 전생에 대해 꿈꾸고 싶다' 라는 식으로 말입니다.

3단계 앞에서 정한 문장을 반복적으로 크게 말한 뒤 그 내용에 집중하면서 잠들면 됩니다.

이 방법으로 영화 같은 전생꿈을 꿀 수도 있고, 깊은 의미를 지닌 은유적인 꿈을 꿀 수도 있습니다. 후자의 경우처럼 금방 꿈의 의미를 알 수 없는 경우에는 다시금 자아에게 도움을 청합니다.

이 시도가 좀처럼 성공을 거두지 못했다면 잠들기 전에 완벽한 이완 상태에 들어가 있는지, 자신의 요구 사항에 대해 집중하고 있는지 점검해 보십시오. 그리고 특정한 질문을 던지는 이유와 그 해답을 통해 얻을 유익을 생각한 다음 꿈 일지에 자신이 기대하는 내용을 적어 보는 것도 좋은 자극이 됩니다.

한 가지 알아 두어야 할 것은 문제에 대한 답을 항상 시각적인 장면으로만 보는 것이 아니라 목소리나 문자를 통해 얻을 수도 있다는 점입니다.

전생꿈 지속법

일단 전생꿈을 꾼 후에는 그것이 계속되게 하는 여러 가지 방법이 있습니다. 방법을 전생 일지에 기록한 다음 그것을 설명하는 추가적인 정보를 얻을 때까지 기다립니다. 또는 잠재의식에게 꿈을 통해 그 부분을 더욱 밝혀 달라고 요구하거나 전생꿈의 내용을 최면이나 명상의 주제로 삼습니다. 전생꿈을 지속하는 또 다른 방법은 카를 융이 '능동적 상상'이라고 부른 것입니다.

능동적 상상을 하기 위해서는 편안한 장소에서 심신을 완전히 이완시켜야 합니다. 일단 마음을 진정시키고 깊은 휴식 상태에 들어가면 문제가 되는 꿈의 내용을 자세하게 기억하십시오. 보다 자유롭게 상상에 들어가기 위해서는 필기 도구보다 녹음기를 준비하는 것이 좋습니다.

일단 꿈의 내용을 떠올리기 시작하면 편안히 앉아 이미지가 저절로 변화하도록 내버려 둡니다. 뭔가를 보려고 의식적으로 기대하고 노력하는 마음을 버리고 대신 상상력이 자유롭게 발휘되도록 하는 것이 중요합니다.

상상중에 자신이 들어선 방이 별안간 배로 변하거나 시계와 같은 무생물이 말을 걸어 와도 놀라지 마십시오. 내면 세계는 언제나 상징과 은유를 사용하여 메시지를 전달합니다.

이렇게 해서 일련의 장면이나 인상을 상상했다면 그 속에 특정한 주제나 메시지가 들어 있는지 알아보도록 합니다. 다른 전생 탐구에서와 마찬가지로 탐구 결과가 전생의 정보일 거라고 섣불리 단정 지어서는 안 됩니다. 그것은 무의식의 메시지일 수도 그렇지 않을 수도 있습니다. 마음속에서 벌어지는 심리적인 사건에서 비롯된 은유적인 이미지인 경우가 있을 수 있기 때문입니다.

그것이 어떤 경우이든 가장 많은 의미를 내포한 듯한 장면이나 이미지에 집중하여 그 속에서 메시지를 발견하도록 하십시오.

이를테면 상상 속에서 굶주린 사람들을 보았다면, 그것은 자신의 내면 세계가 굶주리고 있음을 알리는 메시지일 수 있습니다. 하지만 꿈속에 유명한 여배우가 나왔다고 해서 자신이 그 여배우와 영적으로 연결되어 있다고 함부로 결론지어서는 안 됩니다. 어쩌면 그녀의 모습은 상징적이고 원형적인 차원에서 해석해야 할지 모릅니다.

여하튼 능동적 상상은 단순히 전생 탐구뿐만이 아니라 무의식과의 대화를 통해 다른 여러 측면에서 자신의 정신 세계를 풍요롭게 만들 수 있는 방법입니다.

명석몽 꾸는 법

꿈꾸는 동안 스스로 꿈이라고 자각하는 꿈을 명석몽이라고 합니다. 명석몽을 꿀 때는 그러한 자각을 이용하여 꿈의 내용을 조종할 수 있는데, 이것은 터득하기가 어렵지만 그만한 가치가 있는 기법입니다. 티베트에서는 스스로 꿈의 내용을 통제하는 이 기법을 '꿈의 요가'라고 부르기도 합니다.

그럼 전생 명석몽을 유도하는 방법을 익히기 전에 명석몽을 유도하는 일반적인 방법부터 알아보도록 합시다.

첫 단계는 꿈의 내용을 기억할 수 있는 상태에서, 잠자기 전에 잠재의식에게 '오늘 밤 꿈꿀 때 나는 꿈꾸고 있음을 자각할 것이다'라는 식으로 명석몽을 꾸게 해달라고 요청하는 것입니다. 그리고 전생꿈 꾸기 훈련에서와 마찬가지로 이 문장에 집중하면서 여러 차례 확신을 갖고 소리 내어 말합니다. 이때 명석몽을 꾸겠다는 강한 의지를 갖는 것이 무엇보다 중요합니다.

상상력을 활용하는 방법도 있습니다. 이른 아침 잠에서 깨어난 후 자리에 누운 채 지난밤에 꾼 꿈의 내용을 재빨리 자세하게 기억해 내어 외우다시피 반복해서 생각하십시오. 그런 다음 '다음에 꿈을 꿀 때는 꿈을 꾸고 있음을 기억하고 싶다'라고 자신에게 여러 차례 주지시키는 것입니다. 그리고 나서 좀 전에 머릿속에 각인시킨 꿈의 장면으로 돌아가 자신이 명석몽을 꾼다고 상상해 보십시오. 심상이 확실하게 자리 잡거나 다시 잠이 들 때까지 상상을 계속합니다.

명석몽을 꾸기 위한 또 다른 비결은 틈이 날 때마다 '내가 지금 꿈꾸고 있는 것일까?' 하고 자문하는 것입니다. 이렇게 하면 보통 한 달 이내에 명석몽을 꾸게 됩니다.

더욱 큰 효과를 얻고 싶다면 달력, 책상 앞, 싱크대 위, 욕실 거울 등 눈에 잘 띄는 곳에 '내가 지금 꿈꾸고 있는 것일까?'라는 글이 적힌 쪽지를 붙여 놓는 것입니다. 이 밖에도 자신의 손을 내려다볼 때마다 꿈을 꾸고 있는 것이라고 생각하는 방법이 있습니다.

앞에 소개한 방법을 몽땅 써보아도 여전히 신통한 효과를 얻지 못하면 자명종을 맞추어 놓고 새벽에 일찍 일어나 명석몽 유도 명상을 하십시오. 연구 결과에 따르면 명석몽은 몇 시간 수면을 취한 상태에서 새벽에 꾼다고 합니다. 또한 자신의 마음이 갖가지 잡념으로 가득 차 있고 명석몽을 꾸고자 하는 의지가 약한 것은 아닌지 되돌아볼 필요가 있습니다.

일단 명석몽 상태에 들어가면 자신의 의지대로 전생을 볼 수 있지만, 이 경우에는 항상 긍정적이고 집중된 마음 상태를 유지하는 것이 매우 중요합니다. 명석몽 상태에서 상상력 때문에 자칫하면 위험한 상황을 자초할 수 있기 때문에 꿈속의 친구나 보호령, 수호자, 안내자를 불러내 그들의 인도를 받는 것이 바람직합니다.

꿈 기록법

1) 꿈의 배경과 시간, 장소를 적습니다.

2) 줄거리를 개괄적으로 요약합니다. 주요한 사건의 흐름을 적고 주요 등장 인물이나 누가, 무엇을 했는지를 묘사합니다.

3) 꿈속에 나타난 개인적인 상징들을 기록합니다.

4) 꿈을 꾸는 중에 느꼈던 기분이나 감정을 적습니다. 감정의 유형과 강도, 그런 감정을 일으켰던 상태나 사건, 인물을 상세하게 묘사하십시오. 어떤 상징이나 사건을 통해 느낀 감정은 꿈의 의미를 나타낼 수 있기 때문에 중요합니다.

5) 꿈을 꾼 날짜를 기록합니다. 특정한 상황에 관련한 일련의 꿈을 꾼다면 날짜를 알아 두는 것이 전체를 이해하고 파악하는 데 도움이 됩니다.

6) 꿈을 꾸었을 때 갖고 있던 문제나 상황 들을 적어 놓습니다. 꿈꾸는 사람의 현실은 꿈의 내용을 결정짓는 가장 강력한 요소이므로 자신의 주요한 관심사나 걱정거리와 연관 지어 꿈의 내용을 분석해 보면 꿈속의 개인적인 메시지를 이해하는 데 크게 도움이 됩니다.

7) 꿈의 내용을 해석하면서 얻게 된 통찰력을 적어 놓습니다.

8) 꿈이 제시한 메시지나 그로 인해 자신이 한 일 등을 기록합니다.

꿈 해석법

원래 꿈은 꿈꾼 당사자가 가장 정확하게 해석할 수 있는 법입니다. 따라서 꿈 해석에 있어서 자신감은 강력한 우군이 될 수 있으며 개방성과 객관성 또한 매우 중요한 요소입니다.

이러한 마음의 준비가 되면 우선 자신의 현실 속에서 꿈의 내용과 관련이 있을 법한 부분을 찾아내야 합니다. 만약 이것이 힘들다면 먼저 그런 가능성 있는 현실의 측면을 몇 가지로 압축합니다.

그리고 그 측면들을 하나하나 생각하면서 직관에 귀기울여 보십시오. 마음을 진정시키고 화두로 떠올린 측면에 자신의 내면이 어떻게 반응하는지를 살펴야 하는데, 이때는 논리적인 생각보다는 느낌과 직관에 의존하도록 합니다. 이런 작업을 하면 할수록 내적인 신호에 더욱더 민감해지고 꿈과 관련된 주제를 쉽게 찾아내게 됩니다.

꿈과 관련된 주제를 정했다면 꿈이 가져온 느낌을 생각해 봄으로써 꿈의 일반적인 메시지를 확인합니다. 그 메시지들은 파괴적인 생각이나 행동 패턴을 변화시키라거나 긍정적인 생각을 고수하며 문제를 이러저러하게 해결해야 한다는 경고나 충고일 것입니다. 이렇게 꿈의 기본적인 주제를 파악하는 일은 나중에 그것에 대처하는 방식을 결정짓는 일에도 도움이 됩니다.

다음 단계는 꿈속에 나타난 중요한 상징들을 해석하는 것인데, 이를 위해서는 이미지들의 상관 관계를 면밀히 분석하여 관계 있는 측면을 현실에서 발견해야 합니다. 시중에 있는 꿈풀이 책에 의존하지 말고 자신의 분석력과 직관으로 그 의미를 찾아보십시오.

어쨌든 그것은 다른 누가 아닌 바로 당신 자신의 상징들이니 말입니다.

꿈 해석이 어려우면 기도를 통해 돌파구를 찾으십시오. 기도는 초의식과의 교신을 자극할 뿐만 아니라 그것에 대한 감수성을 향상시킵니다. 이렇게 한다면 꿈이나 명상, 직관 등을 통해 메시지를 설명해 주는 또 다른 메시지를 전달받을 수 있습니다. 그리고 해석하기 어려운 꿈을 꾸었을 때는 꿈 일지에 적힌 다른 꿈의 내용들을 다시 읽어 보는 것이 유용합니다. 잠재의식이나 초의식의 메시지는 되풀이될 수 있기 때문입니다.

이런 저런 방법을 동원해도 해석이 안 된다면 잠시 내버려 두십시오. 그러면 당신의 잠재의식이 얼마 후 또 다른 꿈을 통해 그 부분을 새롭게 조명해 주거나 시각이 바뀌어 이전에는 발견하지 못했던 것을 새롭게 발견하기도 합니다.

꿈 메시지의 적용

꿈을 해석했다고 해서 모든 것이 끝난 것은 아닙니다. 그 메시지가 무엇이든 그런 꿈을 꾼 데에는 반드시 이유가 있게 마련입니다. 그것을 응용하기만 한다면 우리의 삶은 더욱 윤택해질 것입니다.

꿈 메시지를 현실에 응용하는 방법을 찾기 위해서는 먼저 꿈과 관련된 현실의 측면에 초점을 맞춰야 합니다. 꿈은 특정한 상황에 대한 특정한 반응이 바람직하다거나 바람직하지 않다고 말하고 있는 것이므로 꿈이 불러온 느낌에 주목해야 합니다.

어떻게 행동해야겠다는 판단이 서면 그것이 자신이 알고 있는 현실관이나 상식, 그리고 이상과 일치하는지 점검하도록 합니다. 그래서 그 판단이 삶을 모든 면에서 훌륭한 방향으로 이끄는 결정이라면 주저하지 말고 그 길로 나아가십시오. 이미 주어진 것을 소중히 여기며 실천할 줄 아는 사람이야말로 풍성한 선물을 받을 자격이 있습니다.

5. 자기 최면법

　자기 최면은 오디오 테이프를 이용하는 방법으로, 자신에게 맞는 규칙을 정할 수 있고 다른 사람을 의식할 필요가 없으며 정신적인 부담 없이 자신의 목소리에 귀기울이고 성공의 정도에 따라 최면 시간을 조종할 수 있다는 장점이 있습니다. 자기만의 훈련을 통해 어느 정도 성과를 얻었다면 자기 최면은 자아의 포기가 아닌 잠재 의식의 계발이라는 사실을 이해할 것입니다.

　하지만 자기 최면에는, 다른 사람으로부터 유익한 암시를 듣거나 본보기를 볼 수 없고 성취 동기나 일관성을 갖기 어려우며 여러 가지 측면에서 체험을 해석할 수 없을 뿐더러, 특히 최면 상태에서 상황에 적절하게 대처하지 못한다는 단점도 있습니다.

자기 최면은 위험하다는 말이 있지만 어떤 면에서는 더할 나위 없이 안전한 방법입니다. 적당한 조건만 갖추어지면 최상의 결과를 낳아 값진 통찰을 얻을 수 있습니다.

집중력 훈련

자기 최면은 집중이 잘된 상태에서 이루어집니다. 그럼 어떻게 하면 집중할 수 있을까요? 다양한 형태와 크기의 물건을 갖고 집중력 훈련을 하십시오. 다음은 집중력을 기르는 데 도움이 되는 힌트들입니다.

1) 친구에게 여러 장의 카드를 뽑아 보라고 부탁하여 뽑힌 카드들을 보고 나서 그것을 덮어 놓은 다음 기억에 의지하여 그 내용을 말합니다.

2) 책을 몇 페이지 읽고 나서 내용을 생각해 봅니다. 이때 내용이 완전히 이해될 때까지 모든 잡념을 버리고 오직 거기에만 주의를 기울이십시오. 책을 통해 받는 인상이 강렬할수록 기억력과 집중력이 강해진 것을 의미합니다. 책을 읽을 때 페이지를 건너뛰며 읽는 습관은 집중력을 기르는 데 그다지 도움이 되지 못합니다.

3) 시계 앞에 앉아 똑딱거리는 소리에 집중합니다. 마음이 다른

곳으로 흘러가는 것을 자각하면 곧바로 소리에 다시 집중해야 합니다. 마음이 얼마나 일관되게 그 소리에 집중할 수 있는지 살펴보십시오.

4) 좋아하는 자세로 앉아 손가락이나 귀마개로 귀를 막고 내면의 소리에 귀를 기울입니다. 내면의 소리는 플루트, 바이올린, 천둥의 소리나 소라를 귀에 댔을 때 나는 소리, 벌이 윙윙거리는 소리 등과 비슷합니다. 처음에는 거친 소리에 집중하다가 점차 미세한 소리로 주의력을 옮겨 갑니다. 일반적으로 오른쪽에서 소리가 들리지만 간혹 왼쪽에서 들리는 경우도 있는데, 어찌 되었든 한쪽 귀로 듣는 습관을 굳혀야 합니다.

5) 촛불을 보면서 집중합니다. 눈이 피로해지면 눈을 감고 마음속으로 촛불을 상상하면서 처음에는 30초 정도 촛불을 바라보다 점차 5분, 10분으로 늘려 갑니다.

6) 바닥에 누워 달이나 별에 집중합니다. 다른 곳으로 달아나는 마음을 붙잡아 와 길들이십시오. 이것은 특히 감정적으로 곤란을 겪고 있는 사람에게 유익합니다.

7) 강변에 앉아 강물이 흘러가면서 내는 옴 소리에 집중합니다. 물론 이 옴 소리는 내면에서 들리는 진정한 우주의 성음을 가리키는데, 이것이 강물 흐르는 소리와 비슷하다고 합니다.

8) 편안하게 앉아 자비와 같은 덕목들에 집중합니다.

9) 무슨 일을 하든 그 일에 100퍼센트 집중력을 쏟도록 합니다. 그 일을 하는 동안에는 다른 모든 것을 잊습니다.

10) 벽에 원하는 문구, 이를테면 성구 따위를 적어 놓고 그 앞에 앉아 눈에서 눈물이 나올 정도로 그것을 응시합니다. 눈물이 나오면 눈을 감고 마음속으로 글자의 모양을 상상하다가 다시 눈을 뜨고 바라보십시오. 또는 벽이나 백지에 커다란 검은 점을 그려 놓고 집중할 수도 있으며 집중하는 대상이 그리스도나 부처님의 모습이어도 괜찮습니다. 처음에는 이 응시법을 하루에 1분 정도 실천하다가 매주 시간을 늘려 나갑니다. 단, 눈을 부담스럽게 해서는 안 되며 편하고 유연성 있게 과정을 이끄십시오. 응시를 하면서 알고 있는 주문을 외우기도 합니다.

시각화 훈련

1) 오렌지의 모양과 크기, 색깔을 마음속으로 상상한 다음 껍질의 촉감을 생생하게 느껴 봅니다. 껍질을 벗기기 위해 손가락으로 오렌지를 누를 때 어떤 느낌이 듭니까? 과육이 나오면서 오렌지 향기가 풍겨 나온다고 상상하고 마지막으로 그 맛을 실감나게 느낍니다.

2) 조명을 어둡게 하고 앉은 다음 눈을 감고 마음속으로 방의 모습을 조심스럽게 천천히 그립니다. 잠깐 눈을 떠서 방을 살펴보아도 됩니다. 방 안을 사실적으로, 그리고 그 심상을 가능한 한 오랫동안 유지하십시오.

3) 손에 백묵을 들고 교실의 칠판을 바라보고 있다고 상상합니다. 칠판에 '산토끼 토끼야 어디를 가느냐' 같은 문장을 써봅니다. 상상 속에서 칠판에 글씨를 쓰는 것을 실감나게 느껴 보십시오. 문장을 다 쓰면 뒤로 물러나 전체 문장을 확인한 다음 동요의 다음 구절을 쓰면서 전체 문장의 모습을 계속 마음속에 유지합니다.

자기 최면 전의 안전 조치

1) 두려움이나 걱정을 갖지 않은 상태에서 시작하십시오. 자칫하면 무의식이 그런 의식을 진정한 요청으로 받아들여 두렵고 불안한 정보를 제공할 수 있기 때문입니다.

2) 내면의 소리에 귀기울이고 순종하십시오. 내적으로 뭔가 불편하고 섬뜩한 느낌이 들면 당장 중단해야 하며 다음에 어떻게 방향을 잡아야 할지는 펜듈럼이나 꿈을 통해 알아보는 것이 좋습니다.

3) 내면의 직관에 귀기울이는 습관을 기르십시오. 무의식과 대화하는 습관을 기르면 내면 세계에 질문을 던질 때마다 직관적으로

그 해답을 찾는 수준에까지 이를 수 있습니다.

4) 수호자에게 도움과 보호를 구하십시오. 임사 체험자, 초월 심리학자, 전생 퇴행 요법가 들은 이구동성으로 수호자의 존재와 필요성을 역설하고 있습니다. 수호자는 고통스런 체험으로부터 우리를 보호하고 귀중한 정보가 들어 있는 기억에 접근할 수 있게 해줍니다.

어떤 전문가는 수호자와 접촉하기 전까지는 아예 퇴행 요법에 들어가지 않습니다. 따라서 일반인은 본격적인 전생 명상에 들어가기 전에 반드시 수호자에게 지도와 보호를 청해야 합니다.

우리는 수호자를 자신의 초자아, 영적인 존재, 수호 천사, 안내령, 그리스도, 부처, 신, 고차원적인 자아, 참자아 등 어떤 실체로도 볼 수 있으므로 이 가운데 익숙하고 편안한 대상을 선택하면 됩니다. 수호자의 이미지를 선택했으면 심신이 이완된 상태에서 그 이미지를 시각화합니다. 예를 들어 순수하고 찬란한 하얀 빛의 존재를 생각했다면 그 존재의 기운이 느껴질 정도로 구체적으로 상상하는 것입니다. 어느 정도 구체적으로 이미지가 잡히고 존재가 느껴지면 다음과 같은 기도문을 외우십시오.

'○○님(선택된 수호자의 이름), 제가 내면 깊은 곳에 들어가 전생의 모습을 탐구하는 동안 저를 인도하고 보호해 주십시오. 부디 제

가 성장하고, 행복하고, 건강한 인간이 되는 데 도움이 될 만한 기억으로 인도해 주십시오. 내면의 여행을 하는 동안 고통스럽고 무서운 기억과 연결되지 않게 하고 온갖 부정적인 일들로부터 보호해 주십시오. 당신의 지혜와 보호에 감사하며 축복을 보냅니다.'

설령 수호자를 무의식의 표출로 받아들인다 하더라도 존경하는 마음으로 경건하게 대하면서 도움을 구하고 감사해야 합니다. 우리가 감사와 존경을 보낼 때, 우리의 무의식 역시 그와 같은 반응을 우리에게 보여 주기 때문입니다.

5) 보호의 하얀 빛으로 자신을 감싸십시오. 많은 전문가가 수호자의 필요성과 마찬가지로 여러 가지 이유에서 보호의 하얀 빛의 필요성을 역설하고 있습니다.

눈을 감고 심신을 이완시킨 뒤 보호의 성격을 지닌 찬란한 하얀 빛이 마치 계란 모양으로 자신을 감싸고 있는 모습을 마음속으로 그려 봅니다. 숨을 내쉴 때 자신의 숨결이 찬란한 빛이 되어 그 보호막에 더해지며 숨을 들이쉴 때도 빛의 보호막이 더욱 강해진다고 상상하십시오. 그 빛이 더 이상 눈으로 쳐다볼 수 없을 정도로 강렬해졌다고 느껴지면, 이제 자신은 완전히 빛의 보호막의 보호를 받으며 그 어떤 사악한 것이나 해로운 것도 자신을 범할 수 없다고 마음속으로 선언합니다.

자기 최면의 준비 단계

1) 시간과 장소를 정합니다. 명상을 꾸준히 실천할 수 있는 조용한 장소는 매우 중요한 선결 조건입니다.

2) 청소를 하고, 향을 피우고, 꽃을 갖다 놓고, 음악을 틀고, 조명을 밝히고, 크리스털이나 특정한 돌을 갖다 놓는 등의 준비를 합니다.

3) 목욕을 합니다.

4) 편안한 자세로 앉습니다. 어떤 자세를 취하든 허리는 똑바로 펴야 하며 의복은 넉넉한 것이 좋습니다.

5) 간단한 목 운동은 몸을 풀어 주어 효과를 높여 줍니다.

6) 자신에게 맞는 호흡법이 있다면 실천해도 좋습니다.

7) 만트라나 챈팅은 정신 통일에 도움을 줍니다.

8) 성경이나 불경과 같이 영감을 주는 책은 마음가짐을 바로잡는 데 도움을 줍니다.

9) 염불이나 기도 등으로 내면의 근원에 마음의 주파수를 맞추도록 합니다. 증오, 이기심, 악의 따위의 모든 부정적인 마음을 버리고 자신과 타인을 용서할 수 있게 해달라고 기도하는 것도 좋습니다.

자기 최면시의 힌트와 유의 사항

1) 무엇보다도 테이프에서 흘러나오는 자신의 목소리에 완전히

주의력을 기울이도록 노력해야 합니다. 마음이 조금이라도 다른 곳으로 방황하는 것이 느껴지면 즉시 자신의 목소리로 주의력을 끌고 오십시오.

2) 자기 최면에 능숙한 사람은 마음속에서 어떤 모습을 보기 위해 시각화 능력이나 상상력을 이용할 줄 아는 사람입니다. 마음을 이용하여 상상하는 힘이 뛰어날수록 최면에 들어가기 쉽습니다.

3) 분석적인 마음가짐을 버려야 합니다. 벌어지는 상황에 물 흐르듯 흘러가고 따라갈 줄 알아야 합니다.

4) 방을 어둡게 하거나 수면용 눈가리개를 사용하는 것도 효과가 있습니다. 꼭 필요한 요소는 아니지만 대개의 경우에는 마음속으로 전생 장면을 떠올리는 데 도움이 됩니다.

5) 콘택트렌즈를 착용하고 있다면 최면에 들어가기 전에 빼야 합니다.

6) 최면중에는 다리의 무게가 무겁게 느껴져 최면 과정을 방해할 수 있으므로 다리를 포개지 마십시오.

7) 자기 최면을 할 때, 방해받지 않을 조용한 곳에서 안락의자에 앉거나 침대에 누으십시오. 의자에 앉을 경우에는 발은 바닥에 붙이고 손은 허벅지 위에 올려놓으며, 침대에 누울 경우에는 두 손을 몸통에 붙입니다.

8) 눕는 것이 가장 좋지만 잠에 빠져 들 위험이 있으므로 매우 피곤한 상태라면 테이프를 이용한 자기 최면을 시도하지 마십시오. 테이프는 잠재의식에 암시를 걸게 되어 있는데 최면에 들어갈 때 잠에 빠져 들면 그러한 패턴이 잠재의식에 인식되고 맙니다. 일단 그런 일이 발생하면 다음 며칠 동안은 앉은 자세에서 자기 최면을 시도하십시오. 그렇게 하지 않으면 실제로 잠재의식에 프로그래밍이 되어 테이프를 틀 때마다 잠이 들기도 합니다.

9) 많은 사람이 최면을 시도하는 도중에 녹음기가 고장나면 최면 상태에서 영영 깨어나지 못할까 봐 두려워합니다. 하지만 그런 일은 결코 일어나지 않습니다. 왜냐하면 최면중이라도 의식은 있기 때문에 녹음기가 고장난다면 당신은 눈을 뜨고 깨어날 수 있습니다. 그러나 혹시 녹음기가 고장나 최면이 중지되더라도 당신이 매우 피로한 상태라면 그대로 잠들었다가 아침에 일어나듯이 깨어날 수 있습니다.

자기 최면 기법
최면 유도 단계

방해받지 않는 편안한 장소를 선택하며 따뜻한 방에서는 비교적 수월하게 가벼운 최면 상태에 들어갈 수 있습니다. 자기 최면에 익숙해지기 전까지는 몸을 편안히 하면서 정신을 집중하기 위해 다음과 같은 최면 유도법을 사용할 수 있습니다.

1) 정원이나 산, 바다, 넓은 호숫가, 잔디밭 등 자신이 좋아하고 가장 마음이 편해지는 곳을 생각해 보십시오. 장소가 정해지면 눈을 감고 그곳에 있다고 상상하면서 감상하고 느끼며 충분히 경험합니다. 들려 오는 소리에, 풍기는 냄새에, 풀잎이나 물결에 주의를 집중하면서 평화로움과 아늑함을 한껏 만끽합니다.

2) 앉아 있든 누워 있든 편한 자세로 천장이나 벽의 한 지점, 벽난로의 불꽃, 크리스털 펜던트, 촛불, 돌아가고 있는 레코드 위의 그림 같은 것을 가볍게 쳐다봅니다. 대상을 정한 다음 심호흡을 하면서 온몸의 힘을 빼고 그것을 쳐다봅니다. 이때 눈에서 힘을 빼고 가벼운 마음으로 바라보아야 합니다. 눈에서 눈물이 날 정도로 계속 쳐다보십시오. 그러다 더 이상 눈을 뜨고 있기가 힘들 정도가 되면 감아도 됩니다. 눈을 감으면 천천히 심호흡을 하면서 마음을 편안하게 가집니다. 그리고 나서 온몸과 마음으로 평화를 느끼면서 깊은 최면 상태로 들어갑니다. 호흡을 할 때마다 최면이 더 깊어진다고 상상하십시오.

3) 펜들럼을 쳐다보는 것도 흔히 이용하는 최면 유도법 중 하나

입니다. 굳이 펜듈럼을 사용하지 않고 반지를 실에 매다는 등 그 외의 방법으로 펜듈럼과 비슷한 물건을 만들어서 이용할 수도 있습니다.

4) 점진적인 신체 이완 기법은 뒤에서 설명할 자기 최면 유도문을 참조하십시오.

5) 숫자를 거꾸로 세어 보십시오. 눈앞에 커다란 칠판이 있다고 상상하고 쉰부터 거꾸로 숫자를 씁니다. 숫자를 놓치지 않도록 정신을 집중하십시오. 숫자를 하나씩 써내려갈 때마다 편안해지는 것을 느낍니다.

6) 하나에서 다섯까지 세면서 더욱 깊은 이완 상태로 들어간다고 암시를 겁니다.

'하나, 나는 그 어느 때보다 깊이 휴식을 취한다. 둘, 모든 근심과 걱정이 사라지고 몸은 하늘로 두둥실 떠오를 정도로 가벼워진다. 셋, 더욱더 완벽하게 이완되면서 공중으로 점점 올라간다. 넷, 발밑으로 지상의 모습이 보이며 몸이 계속 공중으로 올라간다. 다섯, 이제 몸은 완전히 구름바다에 휩싸인 채 완벽한 이완과 평화로움을 만끽하고 있다. 피부를 스치는 산들바람과 손끝에 잡히는 구름의 감촉이 한없이 포근하고 평화롭다.'

이때 구름이 아닌 풍선이나 무지개를 타고 하늘로 올라갔다고 상상해도 됩니다.

 1) 에서 6)에 이르는 방법으로 숨결이 깊고 편안하고 길어질 때까지 호흡을 고릅니다. 모든 잡념을 버리고 오직 외적 집중 대상이나 마음속 심상에만 정신을 집중하면서 이렇게 암시합니다.
 '○○를 지켜보는 동안 점점 더 이완될 것이다. 모든 긴장이 사라지고 눈꺼풀이 무거워진다. 조금 있으면 더 이상 눈을 뜰 수 없을 만큼 무거워질 것이다.'
 어느 정도 시간이 지난 후 다시 이렇게 암시합니다.
 '나는 이제 깊은 이완 상태에 빠져 든다.'
 그런 다음 눈을 감고 온몸이 이완되었는지 확인합니다. 발끝에서부터 다리, 팔, 목, 어깨, 등, 얼굴까지 모두 이완시키십시오.

전생 유도 단계

 충분히 진정되고 이완된 상태라면 다음과 같은 방법으로 전생을 유도하십시오. 단, 여기에서 제시하는 것은 간단한 요령임에 유의하십시오. 실제로 이 기법을 응용할 때는 이미지를 최대한 구체적으로 생생하게 묘사해야만 효과를 높일 수 있습니다.
 그러나 예를 들어 전생에 다리나 보트, 엘리베이터에서 죽은 경험이 있다면 그런 이미지들을 이용한 방법으로는 별 효과를 거둘 수 없기 때문에 이미지를 고르거나 스스로 만들어서 사용할 때는 자신에게 맞는 것을 선택해야 합니다.

그러므로 이미지를 이용한 전생 명상에 들어가기 전에는 선택된 이미지가 자신과 맞는 것인지 펜듈럼이나 무의식과의 대화를 통해 확인해 보아야 합니다. 또는 잠재의식에게 자신에게 맞는 이미지를 알려 달라고 부탁하는 것도 하나의 방법입니다.

빨간 책

이 기법을 실천할 때는 뭔가를 보거나 듣거나 느낄 수 있으므로 부드러운 명상 음악을 틀어 놓아도 좋습니다. 편안히 앉거나 누워 호흡에 집중하면서 심신의 긴장을 풀고 주의력을 부처님이나 신에게 집중시킨 다음 그들의 무조건적인 사랑과 연민을 느끼며 그 무조건적인 사랑과 자비가 자신을 감싸고 있다고 상상하십시오

눈부시게 하얀 빛, 그 순수한 사랑의 빛이 당신의 전 존재를 채울 것입니다. 이제 당신의 오라는 신이나 부처의 아름답고 순수하며 무조건적인 사랑의 하얀 빛에 감싸여 있습니다. 신이나 부처는 당신과 함께 있고 당신 곁에, 당신 안에 있으며 과거와 현재, 미래의 모든 스승들이 그 빛에 이끌려 당신에게 옵니다. 당신은 신성한 하

얀 빛 속에 모인 무리 중 하나입니다.

호흡에 한층 주의력을 모으십시오. 그 하얀 빛 속에서 숨쉴 때마다 몸이 더욱 가벼워지고 순수해지며 자신의 불성 내지는 신성과 깊이 연결됩니다. 그리스도나 부처에게 사랑을 보내십시오. 그 사랑의 빛이 가슴속 깊은 곳에서 하나가 되어 흘러넘쳐 강렬하게 방사됩니다.

가슴속 깊은 곳을 들여다보면 매우 아름다운 크리스털이 보일 것입니다. 크리스털이 점점 커지면서 당신은 그 속에 빨려 들어갑니다. 그것과 하나가 되는 것이 아니라 단지 그 속에 들어가는 것입니다.

그 속에 들어가면 중심부에서 작은 빨간 점을 발견할 것입니다. 가까이 가는 동안 그 점은 커지고 자세히 보니 그것은 빨간 점이 아니라 표지와 테두리에 금박이 입혀진 빨간 책입니다. 빨간 책에 다가가면서 자신이 지금 알아야 할 특정한 과거생의 기록을 보여 달라고 청하십시오. 그 페이지가 펼쳐지면 그것을 들여다보아 책이 보여 주는 것을 받아들이면 됩니다. 영상이 펼쳐지도록 내버려 두십시오. 그 생애에서 당신이 무슨 일을 했는지, 어떤 카르마를 지었는지를 이해하고 받아들이며 그 내용에 집중하십시오.

충분히 탐구했다면 가슴에 사랑을 느끼면서 방 안의 의식으로 돌아와 좋은 가르침을 주어서 감사하다고 말합니다.

도서관

이 유도법은 깊은 변이의식 상태에서 치러지면서 강렬한 감정이 뒤따를 수 있으므로 다른 사람과 함께하는 것이 바람직하며, 이를 실천하기 위해서는 먼저 내면을 깨끗이 비워야 합니다.

테이프를 틀어 놓거나 다른 사람에게 기록을 부탁한 다음 눕습니다. 이 전생 유도법의 내용은 파트너가 큰 소리로 말하거나 본인이 스스로 그려 볼 수 있지만, 어떤 경우이든 시각화는 자신이 해야 합니다.

아름다운 건물에 위치한 거대한 도서관을 상상합니다. 열 개의 커다란 계단을 올라가면 입구가 나옵니다. 천천히 계단을 올라가십시오. 하나, 둘, 셋, …… 열. 파트너가 대신 계단 수를 세어도 되는데, 이것은 내면의 정보를 받아들일 수 있는 상태로 들어가기 위한 단계입니다.

계단의 꼭대기에 올라서면 큰 문고리가 달린 거대한 문이 눈앞에 서 있다고 상상합니다. 문을 두드리면 안에서 누군가 대답할 것입니다. 그 사람이 바로 영적 안내자입니다. 그(또는 그녀)에게 당신이 보고자 하는 것을 말하십시오. 이때 영적 안내자가 당신과 대화를 나누며 특정한 정보를 처리하는 방법을 일러 줄지도 모릅니다.

안내자에게 그 정보를 얻을 수 있는 곳으로 인도해 달라고 부탁

합니다. 안내자 뒤에 또 다른 문이 있다고 상상하십시오. 안내자는 당신을 데리고 그 문을 통과하여 방으로 들어가 자리에 앉힙니다. 그러면 눈앞의 스크린에 영화가 상영되듯이 영상과 음향과 문자 등이 결합된 전생에 대한 화면이 펼쳐집니다. 또는 그곳에서 책을 받아 들고 페이지를 펼쳐 자신의 전생 이야기를 읽기 시작합니다. 그것은 마치 앨범과 같으며 영화처럼 영상이 살아 움직이면서 누군가 내레이션을 들려줍니다.

전생을 다 보았으면 안내자에게 감사를 표하고 헤어집니다. 도서관 문 밖으로 나가 계단을 내려오면서 숫자를 거꾸로 셉니다. 이것은 변이의식 상태에서 벗어나는 과정입니다. 현재 의식으로 돌아온 다음 테이프 내용을 듣거나 파트너가 적은 기록을 읽어 보십시오.

구름 터널

하나에서 다섯까지 세는 동안 몸이 공중으로 떠오른다고 상상합니다.

'하나, 나는 어느 때보다 깊이 휴식을 취한다. 둘, 모든 근심 걱정이 사라지고 몸은 하늘로 두둥실 떠오를 정도로 가벼워진다. 셋, 더욱더 깊이 완벽하게 이완되면서 공중으로 점점 올라간다. 넷, 발밑으로 지상의 모습이 보이며 몸은 계속 공중으로 올라간다. 다섯, 이제 몸은 완전히 구름바다에 휩싸인 채 완벽한 이완과 평화로움을

만끽하고 있다. 피부를 스치는 산들바람과 손끝에 잡히는 구름의 감촉은 한없이 포근하고 평화롭다.'

이때 구름이 아닌 풍선이나 무지개를 타고 하늘로 올라갔다고 상상해도 상관없습니다.

구름 속을 헤쳐 나가는 동안 아름답게 소용돌이치는 구름 터널이 눈앞에 나타나는 모습을 상상하십시오. 터널 속으로 들어가면서 반대편에는 전생의 장면이 펼쳐져 있다고 암시를 겁니다. 그 속을 걸어가는 동안 모든 걱정은 지워 버리고 완벽한 평화에 젖어 있어야 합니다. 터널을 빠져 나오면 거기에는 전생의 장면이 펼쳐져 있을 것입니다.

영화

몸과 마음을 충분히 이완시킨 다음 자신이 꿈에서나 보았을 법한 지극히 아름답고 평화로운 곳을 그려봅니다. 처음에는 지상에 있는 것, 다음에는 지평선에 보이는 것, 마지막으로 하늘에 있는 것의 순서로 모든 것의 색상과 모습을 상세하게 그리십시오.

그러고 나서 자신이 아름다운 장소로 걸어 들어가 영화관을 바라보고 있다고 상상하십시오. 아늑한 어느 마을의 마음에 드는 위치에 영화관이 세워진 모습을 그립니다. 그것은 바로 당신 자신을 위해 지어진 개인 영화관입니다. 원한다면 사방에 벽을 세우거나 천장과 문, 창문 따위를 만들 수도 있습니다.

이제 오직 당신만을 위해 영화를 상영하는 극장 안으로 들어가 의자에 편안한 자세로 앉습니다. 눈앞에는 거대한 스크린이 있습니다. 마음의 준비가 되면 심호흡을 하고 '이제 시간을 거슬러 올라가 전생을 보기 시작할 것이다'라고 말한 다음 영화를 관람하기 시작하십시오.

원형 계단

원형 계단을 내려가는 모습을 상상하십시오. 계단을 내려가면서 '더 깊이, 더 깊이'라고 되뇌입니다. 계단을 어느 정도 내려가면 앞으로 10층만 더 내려가면 된다고 상상하십시오.

그리고 계단을 내려가면서 열부터 거꾸로 세어 하나에 이르면 눈앞에 희미하게 불빛이 보인다고 상상합니다. 불빛을 따라가 보면 방이 하나 나타나고 문을 열고 들어가니 그 안에는 전생의 장면이 펼쳐져 있습니다.

별

밤하늘을 상상하고 그 속에서 자신의 별을 찾아보십시오. 별들 중에서 유난히 빛나는 별을 발견하면 됩니다. 자신의 별을 찾았으면 그 별을 응시하면서 온몸으로 느껴 보십시오. 별빛을 느끼는 순간 자신이 별이 되었다고 상상합니다. 그리고 어디에선가 바람이 불어와 별빛이 흘러내리기 시작하며 흘러내린 바로 그곳에 자신의 전생이 펼쳐져 있습니다.

복도

기나긴 복도를 걸어가거나 계단을 내려가다가 그 끝에 있는 문을 열고 그곳을 통과하는 모습을 그려 보십시오. 어떤 사람은 기나긴 복도에 많은 방이 있고 그 방 하나하나는 각기 다른 전생의 기억으로 연결되어 있는 모습을 상상하기도 합니다.

엘리베이터

이 방법은 엘리베이터를 타고 전생의 장면이 펼쳐져 있는 방을 찾아가는 모습을 상상하는 것입니다.

먼저 엘리베이터를 타는 장면을 상상하고 느껴 보십시오. 전생이 펼쳐질 층을 결정한 다음 엘리베이터가 그곳까지 올라가거나 내려가는 모습을 그리십시오. 가장 아래층으로 결정했다면 하나씩 헤아리며 내려갈 때마다 밑으로 내려간다고 상상하고 그렇게 느껴야 합니다.

'10층, 엘리베이터가 내려가면서 더욱 깊이 이완됩니다. …… 7층, 내려가면서 더욱 깊은 평화를 느낍니다' 하는 식으로 한 층 한 층 내려갈 때마다 더욱 이완되고 더욱 편안해진다는 내용으로 자기최면 유도문을 구성합니다.

이제 가장 아래층에 도달했습니다. 당신은 가장 평화롭고 편안한 상태입니다. 엘리베이터의 문이 열립니다. 밖으로 나오십시오. 그곳에는 바로 전생의 장면이 펼쳐져 있습니다.

타임머신

영화에서 보았던 여러 가지 타임머신 중에서 마음에 드는 것을 골라 마음속에 그려 봅니다. 이미지를 정했으면 깊은 명상 상태에서 그 안에 들어간 다음 자신을 전생의 한 장면으로 데려가라고 명령하십시오. 타임머신이 시간의 안개 속으로 거슬러 올라가는 동안 시대를 가리키는 바늘이 거꾸로 돌아가는 모습에 집중하십시오. 그렇게 해서 기계가 땅에 착륙하면 안개가 걷히기를 기다렸다가 자신과 주변 환경을 관찰하십시오.

동 굴

들판을 계속 걸어가면 산이 보이고 계곡이 나옵니다. 계곡의 물소리를 들어 보십시오. 시원한 물이 흘러갑니다. 그 옆으로는 산길이 나 있습니다. 길을 따라 산에 올라갑니다. 올라가는 동안 길가에 피어 있는 들꽃들의 향기를 맡고 색깔을 살펴보십시오.

그런데 옆에 커다란 바위가 있습니다. 가까이 다가가 만져 보십시오. 어떻습니까? 거칩니까, 부드럽습니까? 차갑습니까? 살짝 힘을 주니 바위가 움직입니다. 바위가 밀려난 자리에 동굴이 나타납니다.

 이 다음부터는 원형 계단을 내려갈 때와 비슷한 내용으로 열부터 하나까지 거꾸로 세면서 깊은 최면 상태를 유도하면 됩니다. 전생의 장면은 동굴 밖에 펼쳐져 있습니다.

마법의 섬으로 건너가는 배

 바다가 보입니다. 철썩이는 파도와 함께 시원한 바닷바람이 불어옵니다. 멀리 저 앞에는 안개에 감싸인 신비로운 섬이 보입니다. 그곳은 다름 아니라 환상과 마법의 섬이며 당신의 전생이 펼쳐져 있는 곳입니다. 배가 한 척 보입니다. 당신이 올라타자 배는 천천히 섬을 향해 갑니다. 열에서 하나까지 거꾸로 세는 동안 배는 섬에 이를 것입니다.

 나머지 과정은 앞의 다른 과정과 마찬가지로 풀어 나가면 됩니다.

그 밖의 유도 이미지들

 앞에 열거한 것들 외에 꽃으로 가득 찬 초원 한가운데의 주랑(柱廊), 채널을 조절하여 보고 싶은 전생을 선택할 수 있는 거대한 텔레비전 등을 통해 원하는 대로 이미지를 만들 수 있습니다.

자기 최면 유도문을 작성하는 방법

 최면 상태에서 전생에 대해 물어 보는 유도문을 작성할 때는 자신

이 알고 싶은 것들로 내용을 구성할 수 있지만, 대체로 다음과 같은 사항들이 포함되어야 합니다. 그리고 질문과 질문 사이에는 대답이 들어갈 수 있도록 잠시 멈추어 시간적 여유를 두는 것을 잊지 말아야 합니다.

발

발을 내려다보고 보이는 대로 묘사하십시오. 이것이 현실 감각을 불러일으킬 것입니다. 신발을 신었는지 살펴보십시오. 에너지체나 빛의 몸으로 여행을 할 수 있으므로 발이나 육체를 발견하지 못해도 상관없습니다.

옷

현재 옷을 입었는지, 벗었는지, 입었다면 무슨 옷인지 살펴보십시오.

다른 사람들

혼자 있는지, 다른 사람들과 함께 있는지 알아보십시오.

장소

건물 안입니까, 밖입니까?

시대

어느 시대, 어느 해, 어느 계절입니까?

체험

지금 무슨 일이 일어나는지, 다음에 무슨 일이 벌어지는지 알아보십시오.

죽음

어떻게 죽었습니까?

하얀 빛

전생의 자신에게 하얀 빛을 보내십시오. 거대한 사랑의 하얀 빛으로 감싸고 어떤 일이 일어나는지 지켜보십시오.

배운 점

이번 삶에서 무엇을 배웠을까요?

자기 최면 유도문의 예

유도문을 자신의 목소리로 녹음할 때는 최면중에 대답할 만한 시간적 여유를 주어야 합니다. 그리고 내용을 자신에게 맞게 고쳐서 사용하는 것이 좋습니다. 이 유도문에서 최면 유도는 점진적 신체 이완법을, 전생 유도는 구름바다에서 하강하는 이미지를 사용하여 만들어진 것입니다.

준비

15~20분 정도 방해받지 않고 편안하게 긴장을 풀고 있을 수 있는 장소에서 두 다리를 20~30센티미터 정도 벌리고 눕습니다. 벨트는 느슨하게 풀고 신발과 안경은 벗어야 하며 콘택트렌즈를 착용했다면 빼십시오. 정신적 안정에 도움을 주기 위해 음악을 틀어도 좋습니다. 중간에 이완하기 위해 주어지는 시간은 자기에게 맞게 정하면 됩니다.

유도문 예

모든 긴장을 풀고 몸과 마음을 이완시키십시오.

(이완)

눈을 의식하면서 이완시킵니다. 눈의 긴장이 풀리는 것이 느껴집니다.

(이완)

이제 의식을 얼굴로 옮겨 옵니다. 이마와 뺨, 입, 턱의 모든 긴장이 풀리고 완전히 이완됩니다.

(이완)

목과 어깨의 긴장이 풀리고 마음이 아주 편안해집니다.

(이완)

팔의 긴장이 풀립니다.

(이완)

가슴과 배의 긴장이 풀립니다.

(이완)

등의 긴장이 풀립니다.

(이완)

두 다리와 발의 긴장이 풀립니다.

(이완)

이제 머리끝에서 발끝까지 몸 전체가 무거워지고 이완되는 것을 느낍니다.

(이완)

숨을 참았다가 내쉬면서 이전보다 열 배는 더 이완되는 것을 느낍니다. 숨을 내쉬면서 '깊이, 깊이'라고 속으로 되뇌입니다. 이것을 두 번 반복합니다. 여기에서 열부터 하나까지 숫자를 거꾸로 헤아리며 숫자 사이마다 더 깊이 이완되고 편안해진다고 암시를 걸어도 좋습니다.

(이완)

이제 당신은 어느 때보다 가장 이완되고 가장 편안한 상태입니다. 자신이 아주 아름답고 안락한 곳에 와 있다고 상상합니다. 마음의 힘으로 그 아름다운 장소를 생생하게 느껴 보십시오. 주변을 둘

러보고 생명으로 가득 찬 대기를 들이마시면서 그곳에서 느끼는 편안함이 온몸에 흐르게 하십시오.

(이완)

이 단계에서 보호의 하얀 빛으로 암시를 걸어도 됩니다. 이제 당신의 머리끝에서 치유와 보호의 하얀 빛이 빛나고 있다고 상상하십시오.

(이완)

그 빛이 천천히 이마를 지나 얼굴을 타고 내려오면서 턱을 적시는 동안 더욱더 깊고 깊은 평화와 휴식 속으로 들어갑니다.

(이완)

이제 그 빛은 목을 부드럽게 풀어 주면서 밑으로 내려와 가슴과 심장으로 들어갑니다.

(이완)

등 윗부분의 근육이 이완됩니다. 빛은 척추를 타고 신경 조직을 통해 서서히 두 팔과 배, 그리고 엉덩이로 퍼져 나갑니다.

(이완)

빛은 두 다리를 지나 발가락 끝까지 닿아서 온몸을 황홀하고 평화로운 빛으로 가득 채우며 감쌉니다. 어떤 부정적인 감정이나 위험도 그 빛을 뚫고 들어올 수 없습니다. 당신은 빛 속에서 완전한 보호를 받습니다. 최면 과정중에는 선한 영적 스승이나 안내자가 당신을 지켜 줄 것입니다.

(이완)

이제 당신은 빛에 감싸인 채 깊이 휴식하면서도 의식은 깨어나 전생 기억의 문을 엽니다.

상상의 날개를 펴십시오. 아름답고 화창한 날 온몸에 햇살을 받으면서 약 100미터 상공으로 천천히 날아오릅니다. 구름의 감촉이 매우 가볍고 부드럽고 좋습니다. 그 감촉을 느끼고 경험하십시오. 구름 위에서 행복을 만끽하십시오.

준비가 되었으면 다시 지상으로 내려옵니다.

그곳은 당신의 전생이 펼쳐져 있는 곳이자 당신이 과거생을 보낸 곳입니다. 그것은 잠재의식이 당신을 위해 선택한 전생의 환경입니다. 느낌과 생각 들이 자유로이 떠오르게 하십시오. 비판도, 해석도, 추리도 하지 말고 그저 기억의 흐름을 따라가도록 합니다. 감정이 느껴지는 대로 떠오르게 하십시오. 다섯을 세는 동안 몸이 무거워지면서 천천히 아래로 내려옵니다.

다섯, 몸이 점점 무거워집니다. 넷, 아래로 아래로 내려가는 자신의 몸을 봅니다. 셋, 발 아래로 산과 들이 보입니다. 둘, 지상이 조금씩 가까워집니다. 이제 당신의 무거운 몸은 곧 땅에 내려설 것입니다. 하나, 땅에 사뿐히 내려섰습니다.

(휴지)

당신의 발이 보입니까? 발의 촉감을 느껴 보십시오. 신을 신었습니까, 맨발입니까? 신을 신었다면 어떤 신발입니까? 발을 바닥에 비벼 보십시오. 바닥이 어떻게 느껴집니까?

(휴지)

다리를 보십시오. 바지를 입었습니까, 치마를 입었습니까? 둘 다 아니라면 어떤 옷입니까? 자신이 남자인 것 같습니까, 여자인 것 같습니까?

(휴지)

머리로 올라갑니다. 머리카락이 깁니까, 짧습니까? 색깔은 어떻습니까?

(휴지)

얼굴을 보십시오. 동양인입니까, 서양인입니까? 어떻게 생겼습니까?

(휴지)

이름은 무엇입니까? 사는 곳은 어느 나라, 어느 시대입니까?

(휴지)

가족 관계는 어떻습니까? 부모님은 누구입니까? 아버지를 떠올리십시오. 그분의 이름은 무엇입니까? 얼굴은 어떻게 생겼습니까? 아버지는 무엇을 하는 분입니까? 사회적인 지위는 어떻습니까?

(휴지)

이번에는 어머니를 떠올리십시오. 어떻게 생겼습니까? 이름은 무엇입니까? 잘 보고 현생에서 닮은 사람을 떠올려 보십시오.

(휴지)

당신은 무엇을 하는 사람입니까? 직업이 있습니까?

(휴지)

결혼을 했습니까? 기혼자라면 배우자는 누구입니까?

(휴지)

자녀는 있습니까?

(휴지)

이제 시간이 흘러갑니다. 그 생애에서 중요한 경험을 했던 장면들을 떠올리십시오.

(휴지)

주변 세계가 천천히 시야에 들어올 것입니다. 앞의 장면들에 주의를 기울이십시오.

(휴지)

사물이 천천히 더욱 명확하게 구별됩니다.

(휴지)

이제 주의를 모아 눈에 보이는 것을 받아들이십시오.

(휴지)

셋을 셀 때까지 보이는 것을 말해 주십시오. 하나, 둘, 셋. 이제 눈에 보이는 장면을 말하십시오.

(휴지)

다른 사람이 있습니까? 그들은 누구이며 어떤 옷을 입고 있습니까?

(휴지)

현재 보이는 건물을 설명하십시오. 또한 그 지역은 어떤 곳입니까?

(휴지)

주변 환경을 가능한 한 자세히 설명하십시오.

(휴지)

당신은 그 세계를 좀더 자유로이 오가며 사물들을 조사할 수 있습니다. 눈에 보이는 장면이나 사물을 설명하십시오.

(휴지)

사람들이 대화를 나누는 소리가 들립니까?

(휴지)

말소리가 들린다면 대화의 내용을 말해 주십시오. 들리지 않더라도 걱정하지 말고 계속 그 상태를 유지하십시오.

(휴지)

시간이 흘러 당신이 임종하는 장면을 보게 됩니다. 당신은 어떻게 죽어 갑니까? 만일 죽음의 체험으로 인해 감당하기 힘들 정도의 고통이나 충격을 받으면 몸과 마음이 분리되어 안정을 취하게 될 것입니다.

(휴지)

사랑과 보호의 하얀 빛이 감싸며 현재 느끼지 않아도 되는 부정적인 충격과 상처로부터 당신을 보호할 것입니다. 그 삶에서 당신이 배워야 할 중요한 교훈은 무엇입니까?

(휴지)

이후 질문과 휴지를 계속하고 전생 여행을 끝낼 때가 되면 다음과 같이 진행합니다.

전생의 장면을 그대로 정지시키십시오. 당신은 마음먹은 대로 상황을 통제할 수 있습니다.

(휴지)

지금 당신은 자신의 전생을 보고 있습니다. 좀더 훌륭하고 행복하게 살기 위해 전생의 사건을 다시 경험한 것입니다.

(휴지)

이제 현재의 삶으로 서서히 돌아옵니다. 심호흡을 하면서 현실로 돌아올 마음의 준비를 하십시오. 다섯을 세는 동안 당신은 아주 자연스럽고 편안하게, 그리고 서서히 자신의 몸 속으로 들어옵니다.

(휴지)

하나, 과거생의 몸을 떠나 현재의 몸 속으로 돌아오는 것을 천천히 느끼십시오.

(휴지)

둘, 깊이 호흡하면서 온몸에 새로운 빛의 에너지가 넘치는 것을 느끼십시오.

(휴지)

셋, 빛의 에너지가 머리끝에서 발끝까지 흐르면서 모든 세포를 깨우고 있습니다. 손과 발을 천천히 움직이십시오.

(휴지)

넷, 곧 눈을 뜰 것입니다. 깊이 호흡하면서 머리를 움직여 보십시오. 머리가 상쾌해지고 몸이 가벼워지는 것을 느낄 것입니다.

(휴지)

다섯, 이제 의식이 완전히 돌아왔습니다. 눈을 뜨고 깨어나십시오.

(휴지)

당신은 현재로 돌아왔습니다. 눈을 뜨고 주위를 둘러보십시오. 몇 분 간 더 누워 있으면서 이제 막 경험한 전생을 생각해 보십시오.

자기 최면을 끝낸 다음에는

내면의 여행이 끝난 후에는 땅을 밟거나 뜨거운 물에 목욕을 한 뒤 수면을 취하여 신경 체계의 균형을 되찾아야 합니다.

자기 최면의 전체 과정은 천천히 실행해야 하며 전생 유도문에는 최소한 10~20분 정도를 할애해야 합니다. 이러한 자기 최면법은 잠재의식의 감수성을 향상시킬 수 있다는 점에서 전생 탐구를 가능하게 할 뿐만 아니라 좋지 못한 습관을 고치거나 정신 상태를 고치는 등 원하는 목적을 이루는 데 도움이 됩니다.

전생 탐구를 위해 자기 최면법을 사용하는 경우라면 최소한 2주일 정도는 매일 실행하는 것이 중요합니다. 이 기법으로 내적인 감수성을 높였을 때, 전생에 대한 정보는 때와 장소를 가리지 않고 직관적인 형태로 나타나기도 합니다. 번득이는 내면의 정보들을 놓치지 말고 잘 기억해 두었다가 그때그때 전생 일지에 기록하십시오. 그렇지 않으면 그 기억들은 꿈의 내용을 잊어버리듯이 다시금 무의식의 세계 속으로 떨어질 수 있습니다.

최면으로 뭔가를 체험했다면 심신을 이완시키고 집중과 시각화, 상상 기법을 통해 최소한 한두 가지 정도의 전생 이미지를 볼 수 있을 것입니다. 많은 사람이 이런 기법을 시도하여 아주 실감나는 전생의 영상들을 발견합니다.

하지만 단순히 영화를 보듯 전생을 본다면 그다지 의미가 없을 것입니다. 전생 명상을 통해 그것을 느끼십시오. 사랑, 증오, 슬픔, 행복 등 모든 감정과 느낌을 체험해 보십시오. 삶을 되돌아보며 '나는 이러이러한 행동을 했었어. 저 사람에게 저런 행동을 해서는 안 되는 것이었는데'라고 느끼는 것은 좋습니다.

그 통찰을 통해 진정으로 미안해하며 교훈을 배웠습니까?

그리고 전생에 누군가에게 선행을 베푼 적이 있다면 지금도 그렇게 하십시오. 또한 전생에 누군가에게 상처를 주거나 원한을 산 적이 있다면 지금이라도 바로잡으십시오.

전생의 모습을 떠올리지 못했다면 우선 최면중에 자신이 경험한 생각과 감정을 되살려 봅니다. 몸과 마음의 긴장이 완전히 풀어진 편안한 상태였습니까? 자신이 선택한 시각화 이미지에 진정으로 집중했습니까? 잡념이 최면 상태를 방해하지는 않았습니까? 만약 그것들 가운데 하나라도 제대로 되지 않았다면 좀더 노력해야 할 것입니다.

경우에 따라서는 지나친 노력이 오히려 문제의 원인이 될 수도 있습니다. 더러는 지나치게 흥분하거나 기대에 부풀면 진정한 이완 상태에 이르지 못합니다. 그럴 때는 잠재의식에게 자신이 좀더 마음의 여유와 인내심을 갖고 전생 탐구를 하게 해달라고 도움을 청하십시오. 전생의 기억이 떠오르든 떠오르지 않든 자신은 기다릴 것이며, 설령 자신이 의식하지 못한다 하더라도 잠재의식은 기억을 떠올릴 준비를 하고 있다는 내용으로 스스로에게 암시를 거십시오.

성패의 관건은 전생 탐구 기법을 통해 알아낼 정보들에 대해 속단하지 않는 데에 있습니다. 잠재의식이 전해 줄 메시지에 대해 섣불리 추측하지 말고 그저 명상을 하듯 자연스럽게 노력합니다. 혼자 하는 최면에서 성공을 거두지 못한 사람은 여럿이 함께하는 전생 탐구법을 활용해 보십시오.

WAY OUT

3장
둘이 하는 전생 탐구법

1. 유도 최면

유도 최면은 말 그대로 다른 사람이 최면을 유도해 준다는 점을 제외하고는 앞에서 설명한 '혼자 하는 자기 최면'과 똑같습니다. 바꾸어 말하자면 자기 최면법 역시 얼마든지 둘 이상이 할 수 있는 것입니다.

이 기법의 장점은 누군가 옆에서 과정을 유도해 줄 때는 혼자 할 때보다 심신 이완과 호흡, 이미지 집중이 훨씬 잘된다는 점입니다. 다만 이 방법을 실행하면 누군가 자신의 전생을 알게 된다는 부담감이 있으므로, 신뢰할 수 있고 같이 있기에 편한 절친한 친구와 실행하는 것이 원칙입니다.

유도 최면 유도문은 앞에서 소개한 자기 최면 유도문을 응용하면

되니 여기에서는 유도문을 싣지 않고 대략적인 단계만 설명하겠습니다.

동반자 선택하기

전생 탐구를 함께할 친구는 다음과 같은 기준으로 선택하십시오.
1) 나는 이 사람을 좋아하는가?
2) 이 사람은 나를 좋아하고 존중해 주는가?
3) 이 사람은 내게 친절하게 대하는가?
4) 이 사람과 함께 있으면 안전하게 느껴지는가?
5) 이 사람에게 내 감정을 솔직하게 털어놓을 수 있는가?

전문가를 선택할 때는 위와 같은 질문 외에 부담할 비용이나 상담료가 경제적 사정과 적합한지도 고려해야 합니다. 친구가 결정되면 그(또는 그녀)에게 다음과 같은 사항을 부탁합니다.

1) 질문을 하거나 암시를 걸어 주면서 성실한 자세로 이야기를 들어준다.
2) 전생 체험을 비밀로 한다.
3) 피험자의 언행을 녹음기나 필기 도구 등을 이용해 기록한다.

유도 최면의 9단계

1단계 최면에 들어갈 장소를 고릅니다.

2단계 자신이 원하는 것을 놓고 대화를 나눕니다. 이때 유도자는 사전에 피험자에게 원하는 수호자의 이미지나 잠재의식에게 전할 메시지를 물어 두어야 합니다.

3단계 피험자는 유도자의 조용하고 부드러운 목소리를 들으면서 눈을 감고 마음속에서 잡념을 말끔하게 사라지게 합니다. 이때 유도자는 다음과 같은 암시문으로 피험자의 이완을 돕습니다.

"숨을 길고 천천히 들이쉬고 내쉽니다. 최대한 이완된 상태에서 호흡은 깊고 자연스럽게 이루어집니다. 숨결이 천천히 움직입니다. 들이쉬었다가 내쉬고, 들이쉬었다가 내쉬고…… 모든 걱정과 근심이 숨결과 함께 당신을 떠나는 것을 느끼십시오. 오직 내 목소리만 생각하면서 천천히 깊고 깊은 이완 상태로 빠져 듭니다. 이제 열을 헤아리는 동안 당신의 내면은 깊은 평화로 가득 찰 것이며, 잠재의식은 내가 하는 말에 귀를 기울일 것입니다. 하나…… 둘…… 셋, 모든 잡념이 사라집니다. 넷…… 다섯…… 여섯, 오직 내 목소리만 들을 수 있습니다. 일곱…… 여덟…… 아홉…… 열."

4단계 피험자에게 사전에 결정된 전생 탐구의 목표를 들려줍니다.

"이제 시간이 지나면서 당신은 전생을 인식하고 그것을 내게 말해 줄 수 있습니다. 고통스런 기억은 전혀 떠오르지 않으며 오직 현재의 자신을 이해하고 성장하는 데 도움이 될 만한 장면들만 기억하게 될 것입니다. 잠재의식 속에 아무리 깊이 들어가더라도 당신은 언제나 안전하며 내 목소리를 들을 수 있습니다."

5단계 보호령에게 도와 달라고 기원하십시오.

"우리는 이제 당신의 고차원적인 자아(그 외 보호령의 명칭)를 불러내 당신을 보호해 달라고 할 것입니다. 고차원적인 자아에게 평화의 메시지를 전하여 당신을 지켜 주고 중요한 전생의 기억으로 인도해 달라고 요청하십시오. 고차원적인 자아의 존재와 사랑을 느껴 보십시오. 찬란한 순백의 빛으로 당신을 감싼 사랑을 발견하십시오. 당신에게 해로운 것은 결코 그 사랑의 빛을 통과할 수 없습니다. 고차원적인 자아가 당신을 돌보며 보호하기 때문에 고통스럽거나 무서운 체험은 절대로 하지 않을 것입니다."

6단계 피험자를 깊은 최면 상태로 유도합니다.

"당신은 이제 깊은 이완 상태에 들어갈 준비가 되었습니다. 당신의 온몸은 마치 공기처럼 가벼워지며 모든 근육의 느낌이 사라지고 있습니다. 발가락과 발이 가벼워지면서 온몸의 긴장이 풀립니다. 종아리와 다리의 근육이 가벼워지며 이완됩니다. 팔 역시 이완되면서 마치 공중을 떠다니듯 가벼워집니다. 온몸이 마치 빛의 구름으로 이루어진 듯이 가벼워지고 완전히 이완됩니다. 빛의 바다를 떠다니는 듯한 기분입니다. 이제 열을 헤아리는 동안 당신은 완벽한 이완 상태에 들어갑니다. 하나⋯⋯둘, 온몸이 사라지고 온통 빛만 있을 뿐입니다. 셋⋯⋯넷, 그 빛의 몸으로 원하는 곳이면 어디든지 갈 수 있습니다. 이제 내면으로 더욱더 깊이 들어갑니다. 아무것도 당신을 가로막을 수 없습니다. 당신은 내 목소리만 들을 수 있습니다. 다섯⋯⋯여섯⋯⋯일곱, 온몸의 무게가 사라집니다. 여덟⋯⋯아홉⋯⋯열, 당신은 이제 깊고 완벽한 이완 상태에 놓여 있습니다."

7단계 피험자를 유도 이미지로 인도합니다.

"이제 눈앞에 복도가 보일 것입니다. 그 복도를 따라 걸어가십시오. 바닥은 아름다운 대리석으로 이루어졌고 복도 양 옆으로 많은 문이 있지만, 당신이 가야 할 곳은 복도 끝에 있는 특별한 문입니다. 계속 걸어가십시오. 이제 복도 끝의 문 앞에 다다랐습니다. 그 아름다운 문은 당신이 다가서자 저절로 열립니다. 방문을 통과하면 당신은 전생 속으로 들어가게 됩니다. 다섯을 세는 동안 당신은 문을 통과할 것입니다. 하나⋯⋯둘, 문이 점점 열립니다. 셋, 문이 완전히 열리고 당신은 그 문을 통과합니다. 넷⋯⋯다섯, 이제 문을 통과해 전생 속에 들어와 있습니다."

8단계 피험자에게 눈에 보이는 것을 묘사해 보라고 말합니다. 일단 피험자가 문을 통과한 후에는 자신을 내려다보고 어떤 종류의 신발을 신고 있는지 말하게 해야 합니다. 그런 다음 피험자에게 옷차림을 묘사해 보라고 하십시오.

이때 중요한 점은 유도자가 피험자에게 전생 장면에 대한 정보를 주거나 임의로 결론을 유도해서는 안 된다는 사실입니다. 자신의 의견을 피험자에게 제시하지 말고 그저 질문만 던지면 됩니다.

"이름이 무엇입니까? 자신이 어느 시대에 살고 있는지 알고 있습니까?"

만약 피험자가 모른다고 하면 그것을 알아내라고 강요하지 말아야 합니다. 과거에는 어느 해인지 특별히 의식하지 않고 사는 사람이 많았으므로 시대는 피험자가 말하는 정보에 근거하여 추론해 낼 수밖에 없습니다.

"남성입니까, 여성입니까? 직업은 무엇입니까? 무슨 생각을 하고 있습니까? 주변에 다른 사람이 있습니까? 있다면 그들은 누구입니까? 그들은 무엇을 하는 사람들입니까? 중요한 사람들입니까? 그 외에 무엇이 보입니까? 그것들에 대해 어떤 느낌이 듭니까? 그 생애에서 알아야 할 중요한 점은 무엇입니까? 그 생애에서 알았던 사람들 가운데 현생에서도 만나는 사람이 있습니까?"

피험자가 고통스런 상황에 처하게 되면 그가 행복했던 다른 시대나 다른 생애로 가라고 말해 주십시오.

9단계 피험자를 깨웁니다. 전생 탐구가 끝나면 열을 세는 동안 피험자가 현실로 돌아와 기분 좋은 상태에서 깨어나게 된다고 암시를 거는 동시에 최면중에 경험한 모든 것을 기억하게 될 거라고 말해 준 다음 숫자를 세십시오.

"하나······둘, 온몸의 감각이 돌아옵니다. 셋······넷······다섯, 당신은 최면중에 보거나 경험한 모든 것을 기억할 것입니다. 여섯······일곱, 이제 당신은 현재로 돌아옵니다. 여덟······아홉······열, 당신은 즐겁고 활기찬 상태에서 완벽하게 깨어납니다."

피험자가 이 기법으로 전생의 이미지를 떠올리지 못했다 하더라도 포기하지 말고 자기 최면법에서 소개한 다른 유도 이미지를 사용하여 다시 시도해 보십시오. 효과가 있을지, 없을지에 대해 걱정하는 마음으로 최면에 들어가서는 안 됩니다. 또한 전생의 이미지가 마음속에 떠오르는 동안 '이것이 과연 가능한 일일까?'라든가 '내 마음이 이런 이미지를 만들어 낸 것은 아닐까?'라는 의심으로 자연스런 흐름을 가로막지 마십시오.

2. 유도 마사지 기법

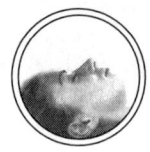

이 유도 마사지 기법 역시 유도 최면 기법과 마찬가지로 자주 이용되는 두 사람 이상을 위한 전생 탐구 기법입니다.

1단계 어슴푸레하고 조용한 곳이 최면 장소로 적당하며 피험자가 베개를 베고 편안히 눕게 하십시오.

2단계 피험자의 이마와 발목에 멘톨제 향유를 바릅니다. 단, 향유의 효력이 지나치게 강렬해서 피험자를 불편하게 만드는 일이 없도록 미리 향유의 효력을 테스트해 봅니다. 연고를 바른 후 피험자에게 눈을 감고 긴장을 풀라고 말하십시오.

3단계 향유를 바른 곳을 마사지합니다. 향유를 바른 제3의 눈 부위, 즉 양미간 사이를 손바닥으로 힘껏 문지른 후 두 손으로 발목을 한쪽씩 차례로 1~2분 동안 마사지합니다. 이것이 끝나면 다시 제3의 눈 부위로 돌아가 전체적으로 마사지하십시오. 마사지를 할 때 몸이 가볍게 흔들리고 불쾌감을 주지 않을 정도로 힘을 주어야만 상대방이 깊은 이완 상태에 들어갈 수 있습니다.

4단계 4~5분 가량의 마사지가 끝나면 다시 조용히 앉아서 이렇게 말합니다.

"이제 자신의 몸이 발밑으로 10센티미터 정도 커지는 것을 상상하십시오. 실제로 그것이 느껴지면 내게 알려 주십시오."

피험자가 실제로 발밑의 공간으로 자신의 몸이 뻗어 나간 것을 느낄 수 있게 되면 다시 정상으로 돌아오라고 이르십시오. 그리고 이번에는 이렇게 말합니다.

"이제 당신의 머리에도 똑같이 합니다. 자신의 몸이 머리 위로 10센티미터 정도 커진 것을 느끼십시오. 모든 주의력을 그 이미지에 집중시키고 실제 머리 위로 뻗어 나간 것이 느껴지면 내게 알려 주십시오."

피험자가 이 단계에 도달하면 다시 정상으로 돌아오게 합니다. 다음 단계에는 발밑으로 1미터 정도, 머리 위로 1미터 정도 커지는 모습을 상상하게 하는 것입니다. 이때 피험자를 성급하게 몰아붙이지 않도록 주의하십시오. 여기에서는 피험자가 정말 그렇게 큰 것 같은 느낌이 들 때까지 충분히 상상하는 것이 중요합니다. 그리고 이렇게 말하십시오.

"이제 온몸이 풍선처럼 부풀어 오른다고 상상하십시오. 발밑과 머리 위로 커질 뿐만 아니라 온몸의 모든 부위가 1미터씩 팽창합니다. 주변의 공기를 느껴 보십시오. 당신의 몸은 마룻바닥(혹은 침대의 매트리스)을 뚫고 팽창해 나갑니다. 당신은 거대하지만 무게가 없고 공기로 가득 찬 거인입니다. 실제로 그렇게 느껴질 때 내게 알려 주십시오."

피험자가 이 이미지를 생생하게 느낄 수 있게 되면 다시 정상적인 크기로 돌아오게 합니다. 그리고 나서 다시금 아까보다 더욱 크게 자신을 팽창시키는 모습을 상상하게 하는데, 이 세 번째 상상에서는 이렇게 말해 주어야 합니다.

"이제 자신이 몸을 완전히 떠나는 것을 느껴 보십시오. 당신은 날아올라 지붕 위로 올라갑니다. 일단 그곳에 이르면 지금이 낮인지 밤인지 말해 주십시오."

피험자가 밤이라고 말하면 밤을 낮으로 바꾸라고 말하고, 반대로 낮이라고 말하면 낮을 밤으로 바꾸라고 말하십시오. 그리고 몸으로 돌아오게 했다가 아까의 상상을 되풀이하게 하되 이번에는 경험하고 있는 날씨를 묻고 그것을 바꾸어 보라고 암시를 줍니다. 이를테면 화창한 날씨를 눈 내리는 날씨로, 청명한 밤하늘을 비가 오거나 안개가 자욱한 아침 날씨로 말입니다.

이 단계에서는 피험자가 자신이 경험하는 환경을 마음대로 완벽하게 통제할 수 있다고 느끼는 것이 매우 중요합니다.

5단계 피험자가 자신의 환경을 마음대로 바꿀 수 있을 정도가 되면 이렇게 말하십시오.

"이제 당신은 하늘 높이 날아오르고 구름 사이를 뚫고 대기권 밖으로 나갑니다. 그렇게 우주 공간에 나왔다고 느껴지면 지구를 내려다봅니다. 지구가 천천히 자전하는 모습이 눈에 들어올 것입니다. 지구가 한 번 회전할 때마다 과거로 되돌아간다고 상상하십시오. 그러다 당신의 발로 지구를 밟아 회전을 멈추게 하고 발이 어느 대륙을 딛고 있는지 살펴보십시오. 그곳이 바로 당신의 전생이 펼쳐진 곳입니다."

이번에는 최면 유도문에 나와 있는 질문들을 던질 차례입니다. 이 시점에서는 피험자가 눈에 보이는 환경의 변화에 자연스럽게 따라가는 것이 중요합니다. 전생의 신발과 옷차림, 환경을 자연스레 보게 되더라도 의심과 걱정으로 인해 흐름이 깨질 수 있기 때문입니다.

자신이 이런 경우라면 '흐름에 따라간다'는 마음으로 관찰 의식을 유지해야 합니다. 전생이든 아니든 그것은 잠재의식의 진실한 메시지이며, 그로부터 교훈을 얻어 자신의 내면을 깊이 통찰할 수 있기 때문입니다.

3. 복합적인 전생 퇴행 유도 기법

이것은 갖가지 기법을 복합적으로 응용한 퇴행 기법으로, 피험자보다는 유도자의 입장에서 보다 자세히 설명하겠습니다.

준비 단계

1) 사전에 피험자와 날짜와 시간, 장소를 약속해 둡니다.

2) 전날 피험자가 푹 자도록 하고 퇴행 작업에 대한 의견을 조율합니다.

3) 종이와 필기 도구, 테이프, 녹음기, 명상 음악 등을 준비합니다.

4) 최면을 실행할 방을 깨끗하게 청소하고 베개와 담요를 가져다 놓습니다.

5) 마음의 준비를 합니다. 명상을 하면서 신이나 부처 등 보호령에게 도움을 청합니다.

6) 약속 시간이 되어 피험자가 오면 항상 해결하고 싶었던 문제가 무엇이었는지 묻습니다. 예를 들어 분노나 두려움과 같이 해소하고 싶은 강렬한 감정들을 그날의 주제로 삼습니다. 이미 전생에 대한 단서를 찾았다면 그것을 추가로 연구하는 것에 대해 의논합니다.

7) 피험자가 긴장을 풀도록 합니다. 자기 최면법에 나오는 갖가지 집중 및 이완법을 참조하면 좋습니다. 피험자를 자리에 눕게 하고 신체적으로 편안하게 해주며 안경을 썼다면 벗고 눈을 감게 합니다. 그리고 피험자의 몸이 따스한지, 사전에 화장실에 다녀왔는지를 확인합니다.

사전 명상 단계

1) 피험자에게 "이제 우리는 깊은 명상 상태에 들어갈 것입니다. 눈을 감고 온몸을 이완시키십시오"라고 말하십시오.

2) 피험자에게 불편한 점이 없는지 확인하고 명상 음악을 틉니다

3) 이완법을 실시합니다(이 부분은 자기 최면 유도문을 참조하십시오). "당신의 발부터 시작합시다. 발의 근육을 최대한 긴장시켰다가

힘을 빼십시오."

4) 피험자에게 이렇게 말하십시오.

"심호흡을 세 번 하십시오. 코로 들이마셨다가 입으로 내쉬십시오. 숨결에 의식을 집중하고 천천히 깊게 숨을 쉬십시오."

5) "이제 수정처럼 영롱하고 아름다운 크리스털이 당신에게 다가온다고 상상하십시오. 그 안에 들어가 편안히 자리 잡습니다. 그곳은 안전하게 사랑과 빛을 받아들이고 부정성을 버릴 수 있는 곳입니다. 앞으로 최면이 진행되는 동안 그 안에 머무르십시오."

크리스털의 모양은 원형이나 삼각형, 사각형인데 이것은 오랜 세월 동안 다른 차원으로 이동할 때 자기 보호의 수단으로 이용되어 온 심상입니다. 또 전생으로 들어가거나 나올 때 피험자를 보호해 주기도 합니다.

6) "눈앞에 하얀 빛의 원이 나타납니다. 당신의 가슴과 마음에서 부정적인 감정이나 생각이 빠져 나와 하얀 빛의 원으로 끌려갑니다. 이것을 원하는 만큼 오랫동안 시각화하십시오. 충분하다고 느껴지면 하얀 빛의 원을 지우고 다음 단계로 갑니다."

7) "이제 빛의 강물이 머리끝에서 발끝까지 흘러내립니다. 몸의 구석구석이 하얀 빛의 강물로 적셔집니다. 특정 부위가 아프거나 좋지 않다면 하얀 빛이 그 부분에 집중적으로 몰려 치유한다고 상

상하십시오. 빛이 잘 스며들지 않는 부분이 있다면 하얀 물체를 마음속에 그린 다음 거기에서부터 하얀 빛이 문제가 되는 특정 부분으로 곧바로 흘러 들어간다고 상상하십시오."

8) "자신을 부정적으로 대해 온 사람이 눈앞에 있다고 상상하십시오. 공을 받듯이 그의 부정성을 받아서 할 수 있는 한 사랑으로 바꾸어 돌려주십시오. 원하는 만큼 오랫동안 이것을 상상하십시오. 준비가 되었으면 다음 단계로 갑니다. 자신이 아주 힘들었거나 모진 마음을 먹었던 시기를 상상해 보십시오. 그 자리에서 자신의 부정적인 에너지를 손에 받아 쥐고 지극한 사랑의 빛으로 바꾸십시오. 그리고 그 빛을 머리 위에 올려놓고 전신에 흘러내리는 모습을 상상하십시오. 그것이 당신을 깊이 이완시키고 평화 속에 젖게 합니다. 이제 준비가 되었으면 다음 단계로 갑니다."

9) "당신은 이제 사랑과 빛으로 충만한 크리스털 속에 머물러 있습니다. 눈앞에 모든 색깔을 담고 있는 무지개가 나타났다고 상상하십시오. 용기를 상징하는 무지개의 빨간색이 머리끝부터 당신의 온몸에 스며듭니다. 진취적인 열정을 상징하는 주황색 역시 당신의 온몸에 스며듭니다. 다음은 지혜와 깨달음을 상징하는 노란색이 온몸에 스며들게 하십시오. 그리고 나서 치유를 상징하는 초록색이 가슴으로 내려와 물든다고 상상하십시오. 정직과 완전의 파란색이

온몸을 적시게 하십시오. 자긍심을 상징하는 남색이 온몸에 흘러내리게 하십시오. 영적 지식을 나타내는 보라색이 온몸에 스며든다고 상상하십시오. 마지막으로 부드러운 하얀 빛이 온몸을 가득 채우고 하얀 빛의 피라미드가 사방에서 당신을 에워싸고 보호한다고 상상하십시오. 안팎의 하얀 빛에 집중하십시오."

연령 퇴행 유도 단계

1) "앞으로 내가 묻는 질문이 설령 이해가 안 된다 하더라도 머릿속에서 가장 먼저 떠오르는 대답을 들려주십시오."

2) "이제 가장 가까운 시기로 가봅시다. 현재 생애의 사건 중에서 가장 먼저 마음속에 떠오르는 사건을 말하십시오. 당신은 그때 어디에 있었습니까?"

3) "심호흡을 하십시오. 숨을 내쉴 때 앞에서 떠올린 사건을 자신에게서 밀어냅니다. 숨을 들이쉴 때는 그 사건을 더욱더 멀리 밀어냅니다."

4) "이제 현재 생애에서 큰 영향을 미친 사건으로 가봅시다. 당신은 지금 그 장면에 와 있습니다. 어디에 와 있는지 말해 주십시오. 어떤 감정이 느껴집니까? 그 감정을 경험하십시오. 그 생각과 감정을 어떻게 하겠습니까? 그런 생각과 감정으로 인해 지장을 받는 점

이 무엇입니까? 좋습니다. 이제 심호흡을 하십시오. 숨을 내쉬면서 그 생각과 감정을 자신에게서 밀어냅니다. 다시 숨을 내쉬면서 더욱더 멀리 밀어냅니다."

5) "시간을 더욱더 거슬러 올라가 10대 시절로 가봅시다. 당신은 10대 시절로 돌아와 있습니다. 그 시절의 사건 중 가장 먼저 기억나는 사건 속으로 가봅시다. 당신은 어디에 있습니까? 심호흡을 하면서 그 사건을 마음속에서 밀어내십시오. 다시 심호흡을 하면서 더욱더 멀리 밀어내십시오."

6) "이번에는 어린 시절로 가봅시다. 다시 어린아이가 되었습니다. 당신은 몇 살입니까? 지금 있는 곳은 어디입니까? 무슨 일이 일어나고 있습니까? 당신은 어떤 감정을 느끼고 있습니까? 심호흡을 하면서 그 사건을 마음에서 밀어냅니다. 다시 심호흡을 하면서 더욱더 멀리 밀어냅니다."

7) "당신이 이 세상에 태어나던 시기로 돌아갑니다. 당신은 막 태어나려 하고 있습니다. 지금 보이고, 느끼고, 아는 것을 말해 주십시오. 좋습니다. 숨을 깊이 들이쉬었다가 내쉬면서 탄생 장면을 마음속에서 밀어내십시오. 다시 심호흡을 하면서 더욱더 멀리 밀어내십시오. 마지막으로 심호흡을 합니다. 이제 당신은 완전히 몸 밖에 나와 있습니다. 빛의 피라미드가 여전히 당신을 에워싸고 있습니다.

그 새하얀 사랑과 보호의 빛에 집중하십시오. 이제 당신은 고차원적인 자아(혹은 보호령)의 인도를 받아 전생으로 되돌아갑니다."

전생 들어가기

1) "심호흡을 하십시오. 호흡에 집중하십시오. 지금 당신은 과거에 경험했던 전생으로 되돌아가고 있습니다. 긴장을 완전히 풀고 이완하십시오. 깊은 평화 속에서 장면들이 다가오게 하십시오."

2) "이제 당신이 사용했던 전생의 몸이 당신에게 다가옵니다. 그 안에 들어가십시오. 전생의 손으로 전생의 팔과 손목을 힘껏 잡으십시오. 그리고 느껴 보십시오. 이번에는 당신의 몸통을, 다리를 만지십시오. 당신은 전생의 몸 속에 완전히 들어왔습니다. 주변 상황이 느껴집니까? 최면이 진행되는 동안 그 몸 안에 머무르십시오."

3) "단편적인 인상이라도 좋으니 가장 먼저 보이거나 느껴지거나 생각나는 것을 설명해 보십시오."

4) "발을 내려다보십시오. 무엇을 신고 있습니까? 무엇을 입고 있습니까? 다리에는 무엇을 걸쳤습니까? 상체에는 무엇을 입었습니까? 옷은 무슨 소재로 만들어졌습니까? 머리에 걸친 것은 없습니까? 당신은 남자입니까, 여자입니까? 피부색은 무슨 색입니까? 머리카락은 무슨 색입니까?"

5) "건물 안에 있습니까, 밖에 있습니까?"

6) "혼자 있습니까, 다른 사람이 같이 있습니까?"

7) "밤입니까, 낮입니까? 춥습니까, 따뜻합니까?"

8) "지금 서 있습니까, 앉아 있습니까, 걸어가고 있습니까? 무엇을 하고 있습니까? 주변에 있는 것에 다가가서 만져 보십시오. 어떤 느낌입니까?"

9) "주변을 걸어 다녀 보십시오. 지금 있는 곳을 설명하십시오. 무슨 일이 일어나고 있습니까?"

10) "지금 느껴지는 첫 번째 생각과 느낌, 인상을 말해 보십시오. 그 느낌과 감정과 관계 있는 사건은 무엇입니까?"

이 부분은 자기 최면 유도문을 참조하십시오. 피험자가 들려주는 내용을 기록해 놓았다가 요약해서 "…… 한 일이 일어난 것입니까?"라는 식으로 들려주면서 다시 질문을 하고 피험자가 내용을 수정하면 그에 따라 기록을 고치십시오.

11) "그 일에서 어떤 교훈을 얻었습니까? 아직 해결하지 못한 문제는 무엇입니까? 또 해결한 문제는 무엇입니까?"

피험자가 아무것도 배우지 못했다고 대답하면 다시 이렇게 묻습니다.

"그 생애에서 한 가지라도 잘한 점이 있으면 말해 주십시오."

또한 긍정적인 답변을 얻으면 이런 말을 하십시오.

"좋습니다. 다른 중요한 교훈을 배운 게 있다면 말해 주십시오."

피험자가 한 가지라도 교훈을 배웠거나 문제를 해결한 것을 이야기하면 다음 질문을 합니다.

"그것이 왜 당신에게 중요합니까?"

12) 질문을 던졌는데 피험자가 대답하지 못하고 곤란해하면 다음과 같이 하십시오.

"보호의 하얀 빛 피라미드가 당신을 감싸고 있습니다. 그 빛에 집중하십시오. 이제 질문했던 내용에 대한 답으로 머릿속에 가장 먼저 떠오르는 단어를 말하십시오. 전혀 관계없을 것 같은 단어라도 괜찮습니다. ……네, 좋습니다. 그럼 이번에는 다음 단어를 생각해 보십시오."

13) "전생의 교훈을 바탕으로 이번 생애에서 더욱 키우고 싶은 자질은 무엇입니까? 좋습니다. 그 단어나 문장을 마음속에서 되풀이해서 외우십시오."

14) "전생의 사건으로 되돌아갑니다. 그것을 지금 체험하십시오. 이제 좀 전의 단어나 문장을 외우면서 새로운 파동과 사념으로 온

존재를 채우십시오. 이 작업을 통해 마음속에 어떤 긍정적인 변화가 일고 있는지 말하십시오."

15) "지금 그 전생에 대해 더 알고 싶은 것이 있습니까?"

피험자가 그렇다고 대답하면 좀더 그 부분을 조사해 보고, 아니라고 하면 다음과 같은 방법으로 전생을 떠나도록 합니다.

"중요한 교훈을 배우게 해주어서 감사합니다. 이제 당신은 하얀 빛에 감싸인 채 전생의 몸을 떠나 현재의 삶 속으로 되돌아오고 있습니다. 전생 교훈을 통해 새롭게 얻은 느낌과 사념이 당신과 함께합니다. 이제 당신은 이 세상에 태어났을 때의 순간으로 되돌아오고 있습니다. 이번에 탄생할 때 새로운 느낌의 단어를 말하십시오. 그리고 새로운 사념을 마음속에 품으십시오."

처음 퇴행했을 때와 마찬가지로 어린 시절, 10대 시절, 성인 시절의 순서대로 차례차례 의식을 되돌려 놓습니다(현실로 돌아오는 기법은 자기 최면 유도문을 참조하십시오).

| 전생 탐구에 관하여 |

우리에게 일어나는 모든 일은
결코 우연이 아니다

데이비드 벵슨

내면의 문을 여는 열쇠

생명의 위대한 신비는 우리 안에 있습니다. 그러나 수많은 사람이 이 심오한 진리에 대해 생각하지 않으며 삶을 보내고 있습니다. 얼마나 헛된 낭비입니까? 모든 사람이 자신의 내면 세계의 신비를 파헤칠 권리를 갖고 있지만, 그렇다고 모두가 이러한 내적인 배움을 얻는 것은 아닙니다.

그것은 전적으로 개개인 자신에게 달린 일입니다. **내면 세계에 대한 지식은 신성한 자아의 선물**이며, **그 가치는 오로지 우리가 제대로 받아들였을 때에만 발휘**될 수 있습니다. 윤회와 전생에 대한 지식은 우리에게 매우 중요한 의미를 지닙니다. 열린 마음으로 다가가는 자세는 진정한 자기 자신을 받아들이는 것과 같습니다.

과연 전생 퇴행 기법을 이용하여 무의식의 문을 열 수 있을까요? 무의식에 대한 직접적인 자극이 내면 세계와 전생을 통찰하는 데 정말 도움을 줄 수 있을까요?

그렇습니다. 하지만 정답은 개인에 따라 다르게 마련입니다. 참자아와의 관계는 개인적인 것이기에, 마음의 문을 열려는 노력을 통해 얼마나 많은 것을 받을 수 있느냐 하는 점은 언제나 미지수로 남아 있을 수밖에 없습니다. 대부분의 사람은 자기 분석과 내면 탐구를 통해 유익을 거둘 수 있지만 말입니다.

이 시점에서 우리는 '명상으로 환상의 세계 속에서 시간을 보내는 것이 과연 가능한 일일까?'라는 중요한 질문을 던져 볼 수 있습니다. 물론 가능합니다. 자신의 허락으로 그 세계가 심리적으로, 영적으로 힘을 갖고 있는 경우에 한해서입니다. 그러므로 올바른 정보를 바라고 올바른 길을 받아들이는 것이 중요합니다.

그러므로 **우리는 항상 깨어 있는 마음을 가져야 합니다.** 먼저 삶의 신성한 목적을 알고자 하면 모든 것은 따라오게 되어 있으니, **이것이야말로 참된 지혜의 길입니다.**

이 길에서 자신의 마음가짐과 내적인 신념은 매우 중요합니다. 내면 탐구는 우선 몸과 마음을 편안히 하고 초의식의 인도를 받아들이는 것으로 시작됩니다. 그리고 **진실한 마음가짐과 신념은 내면 세계의 문을 여는 열쇠**입니다. 고차원적인 실재에 마음의 문을 열기 위해서는 훈련이 필요하며, 그 훈련은 개개인의 고정관념과 신념의 목록을 조사하는 것으로부터 시작됩니다.

매사에 부정적이며 지나치게 물질주의적인 태도와 기계적인 신념과 고정관념은 무의식의 문을 걸어 잠근 녹슨 자물쇠와 같습니다. **참된 내면 세계를 자각하는 길은 참된 힘인 지혜를 배우고 계발하는 길이며 참된 힘을 구하는 의지야말로 성공의 열쇠**입니다. 바로 이런 이유에서 내면 세계 탐구에 대한 수많은 방법론들은 마음과 의지를 다스리는 것에서 출발하고 있습니다.

생명의 깊은 신비에 접근할 때에는 반드시 가벼운 마음가짐을 가져야 하는데, 이는 세속적인 고정관념을 버리고 지혜를 부모나 친구로 받아들여야 한다는 뜻입니다. 그렇다고 해서 지상의 현실을 무시하거나 세속적인 의무를 포기하라는 말은 물론 아닙니다. 단지 삶의 영적 차원에서 자신의 참된 힘과 올바른 시각을 이끌어 내야 한다는 의미일 뿐입니다. 그러기 위해서 우리는 세속적인 시각으로부터 자유로워질 필요가 있습니다. 지나치게 엄숙하고, 경직되고, 무겁고, 진지한 자세로부터 벗어나야 하는 것입니다.

가벼운 마음가짐과 기쁨은 언제나 함께하며 그런 의미에서 내면의 기쁨이야말로 영적 탐구에서 성공을 거둘 수 있는 핵심이라는 사실을 기억하십시오. 또한 **자신이 신성한 삶과 자아에 접근할 수 있는 권리를 갖고 있다고 확신하는 자신감도 매우 중요합니다. 자신감과 끈기는 내면의 길을 걸어가는 데 없어서는 안 될 소중한 자질입니다.**

무의식을 통해 과거의 문을 여는 것이 나름대로 가치 있는 체험임을 받아들여야 하는데, 이것은 전생을 알고 그러한 기억의 중요성을 깨닫는 매우 중요한 요소입니다. 긍정적이며 적절한 마음가짐은 올바른 사고와 올바른 명상을 통해 얻을 수 있습니다.

모든 삶은 성장과 깨달음으로 향한다

오늘날 세계 인구의 3분의 2가 윤회를 믿는다고 합니다. 어찌 보면 윤회론은 세계의 종교들이 견지해 온 오랜 믿음 중 하나이며, 동서양의 신비가들은 이구동성으로 윤회에 대해 이야기해 왔습니다. 비록 현대의 기독교는 아직 공식적으로 윤회를 받아들이지 않고 있지만, 윤회의 가능성에 서서히 눈떠 가고 있습니다. 하지만 역사를 살펴보면 전생을 기억할 수 있다는 생각이 어떤 종교나 학파의 가르침에도 포함된 적이 없었음을 알 수 있습니다. 오히려 현대 심리학의 새로운 조류가 전생 최면 요법의 문을 열고 일반화시켰다는 것은 자못 흥미로운 사실입니다.

몇 해 전 캘리포니아 샌디에이고에 사는 유명한 텔레비전 리포터인 베티는 전생 퇴행 요법에 대한 프로그램을 맡게 되었습니다. 그런데 그녀는 흥미로운 주제를 탐구하면서 자신의 무의식과 접촉해 보고 싶은 마음이 들었고 마침내 스스로 최면에 들어가기로 작정했습니다.

정말 전생의 기억을 체험할 수 있는 것인지 확인하고 싶었던 것입니다. 베티는 자신의 최면 과정을 녹화했는데, 그것은 매우 극적인 전생 기억의 사례가 되었습니다.

베티가 이용한 자기 최면법은 숫자를 거꾸로 헤아리면서 자신이 알아 둘 필요가 있는 전생의 인상을 떠올리라고 암시를 거는 전형적인 최면 유도 기법이었습니다. 그녀는 전문가의 유도를 받아 이완되었으면서도 완벽하게 깨어 있는 상태로 들어갔고 곧바로 매우 극적인 전생의 인상들을 털어놓기 시작했습니다.

베티는 19세기 남북 전쟁 당시 남부군 군의관이었던 한 남자의 전생을 되살려 냈습니다. 나중에 수백만 명이 시청한 그녀의 전생 퇴행 모습은 매우 감동적인 내용을 담고 있었습니다. 남북 전쟁에 참전한 그 군의관은 전쟁의 참상에 엄청난 충격을 받아 일종의 신경 쇠약에 걸렸던 것이 분명했습니다. 적절한 의료 장비와 약품도 없이 전쟁터에서 수술을 해야만 했던 공포스런 기억들이 봇물처럼 터져 나왔습니다.

전쟁터의 끔찍함과 비참한 수술 상황은 그의 마음에 깊은 상처를 주었고, 그 후유증으로 인해 전쟁이 끝난 후 두 번 다시 수술대 앞에 서지 않았습니다. 이 전생 퇴행은 베티가 전쟁의 공포를 경험할 가능성이 적은 오늘날의 미국 사회에 여자로 태어난 이유를 설명해 주고 있습니다.

그럼 어떻게 하면 고차원적인 자아의 인도를 받아 전생의 기억을 불러올 수 있을까요? 정답은 여러 가지 방법으로 찾을 수 있으며 내용은 개인의 스타일과 필요성에 따라 달라집니다. 전생의 기억을 언제나 정확하게 되살려 주는 기법은 없을까요?

안타깝게 그런 신기한 기법은 존재하지 않습니다. 다만 내면의 감응을 이끌어 낼 수 있는 기법만이 그 가치를 인정받을 수 있습니다.

만일 내면이 꽉 차 있다면 알찬 체험을 얻을 수 있겠지만, 의혹의 구름에 휩싸여 있거나 공허하고 계발되지 않은 상태라면 어떤 기법을 사용하든 기껏해야 자기 환상에 빠질 뿐 진정한 효과는 거둘 수 없습니다. 하지만 이런 환상도 자기 기만에 빠져 있는 사람에게는 의미 있는 체험입니다. 그리고 이러한 체험은 우리에게 또 다른 의문을 안겨 줄 것입니다.

사람들은 왜 스스로 미망에 빠지는 것일까요? 미망 혹은 오류가 언젠가는 보다 의미 있고 알찬 체험으로 이어질 수 있을까요? 아무튼 우리는 모든 삶이 성장하고 깨달음을 얻는 방향으로 흘러간다는 사실을 상기해야 합니다.

전생 탐구에 필요한 원칙과 자세

나는 언제나 내면 세계에 관심을 갖는 사람에게 내면의 수양을 먼저 시작하라고 권합니다. **삶에는 신성한 질서가 있습니다. 질서를 의식할수록 그것을 발견하고 따라갈 수 있으며, 영적 수양과 수행은 이런 내면 세계의 문을 여는 데 도움이 됩니다.**

하지만 우리가 현실적으로 접할 수 있고 내면의 시각과 감각을 자극하는

데 쓰이는 온갖 기법들, 이를테면 전생의 기억을 떠올리기 위해 이용되는 기법들에 대해서는 어떻게 생각해야 할까요? 궁극적으로는 영적 수련을 통해 계발되는 참된 직관이 더 바람직하지만, 올바른 목적을 위해 가벼운 마음가짐으로 그 기법들을 이용한다면 아무 문제없습니다.

모든 것은 균형 있게 이해해야 하는 법입니다. 과연 우리에게는 신탁이 필요한 것일까요?

나는 몇 해 전에 어떤 여학생이 대학을 결정하는 과정을 도와준 적이 있습니다. 그때 그 여학생은 두 가지 길 중 하나를 선택해야 했는데, 두 길 모두 나름대로 의미가 있으며 각기 다른 필요성을 갖고 있었습니다. 그녀는 올바른 선택을 하기 위해 내면의 인도를 받고 싶어했습니다. 그래서 열심히 기도하며 내면에 귀기울였고 깊은 명상에 들어가 보았으나, 어떤 방법으로도 명확한 답을 제시받을 수 없었습니다.

그러다 마침내 결정을 내려야 할 시기가 다가왔습니다. 급기야 그 여학생이 도움을 요청해 왔을 때, 나는 무슨 조언을 해주든 그것은 내 결정이 되어서는 안 되며 그 여학생에게 영향을 미치지 않기 위해 조심해야겠다고 생각했습니다.

그래서 나는 장난기 섞인 마음으로 동전 던지기를 제안했고, 그렇게 해서 한 학교를 결정했습니다. 하지만 한 시간 후 그 학생은 마음을 바꿨습니다. 단 한 번의 동전 던지기로 그런 중대한 문제를 결정할 수 없다는 것이었습니다. 하는 수 없이 우리는 동전 던지기를 세 번 하여 같은 면이 두 번 나오면 한 학교를 선택하기로 했다가 나중에는 다섯 번 중 세 번으로 하는 식으로 자꾸 결정을 번복했습니다. 결국 마지막으로 선택한 학교는 동전 뒤집기로 결정한 학교가 아니었습니다.

그렇다면 앞서의 그 해프닝은 대체 무엇을 의미할까요? 장난에 불과했을까요? 아니면 그 여학생이 무의식의 인도를 받도록 하는 효과적인 자극제였을까요?

둘 다 맞는 대답입니다. 물론 동전 던지기 자체로는 해답을 얻지 못하지만, 그 과정 자체가 매우 중요했으며 전생 탐구의 기법을 바라보는 시각이기도 했습니다.

그런 기법들은 무의식을 일깨우는 자극제에 불과합니다. 따라서 **자신의 분별력을 포기하고 맹목적으로 따르는 것은 위험천만한 자세**입니다. 또한 우리는 자신에게 다가오는 영적 체험의 진실성을 시험해 보아야 합니다. **항상 영적으로 자신을 보호하고 영적 체험의 진실성을 가려낼 줄 아는 것은 이러한 탐구에 필요한 대원칙**입니다.

생명의 기억은 우주의 선물

나의 전작 《유명한 사람들의 전생 이야기》에서 역사적인 전생에 관한 인상을 받아들이는 방법에 대해 설명한 적이 있습니다. 제3의 눈을 뜨게 하는 방법으로, 명상하는 중에 마음의 눈을 뜨면 어떤 얼굴이나 장소 혹은 인상이 나타나는 경우가 있습니다. 하지만 모든 사람이 같은 방법으로 같은 결과를 얻을 수 있을런지는 잘 모르겠습니다.

그런 성과를 얻기까지는 20년 이상에 걸친 정신적 훈련이 있었기 때문입니다. 영적으로 뭔가 진전을 이루기 위해서는 수많은 단계와 장애물을 극복해야만 합니다.

우리는 그러한 힘든 과정을 거친 끝에 한 단계를 이루고 다음 단계로 올라가게 되며, 그런 과정은 대부분 사고의 수련과 훈련으로 이루어집니다. 이것은 결코 쉬운 일이 아니지만, **누구나 자신이 있는 자리에서 성실한 마음으로 시작한다면 내면 세계로부터 반드시 무언가 기별을 받게 되어 있습니다.** 전생의 인상을 포함해서 말입니다. 그런 과정을 걷다 보면 도중에 우주심의 기록에 감응하는 능력을 얻게 되는데, 이는 올바른 명상 수련의 결과이기도 합니다. 언제든 마음의 준비가 되었을 때 시작하십시오. 언제라도 진심으로 시작할 때는 결코 늦은 것이 아닙니다.

그리고 **올바른 명상의 씨앗은 후생에라도 틀림없이 그 빛을 보게 되어 있습니다.** 우리는 종종 그다지 노력을 기울이지 않았는데 자연스레 깨달았다는 이야기를 듣고는 합니다. 사실 그런 경우들도 모두 전생에서부터 공덕을 닦아 온 결과라고 봅니다.

명심해야 할 것은 먼저 인간 됨됨이가 되어야 한다는 점입니다. 흔히 요가

와 같은 기법들을 통해 우주 의식을 체험한다 하더라도 체험자의 인격이 전체적으로 성숙되어 있지 않으면 그 가치는 퇴색될 수밖에 없습니다.

전생 탐구와 관련하여 알아 두어야 할 또 한 가지는 개개인의 전생은 누구나 쉽게 열람할 수 있는 도서관 자료가 아니라는 사실입니다. **전생 기록은 당사자일지라도 제대로 조건을 갖추지 못하면 자신의 기록을 볼 수가 없습니다.**

개인의 완벽한 기록을 볼 수 있는 존재는 대사급 영혼이거나 수호 천사, 영적 안내자 정도이며 그들 또한 적절한 때가 아니면 불가능합니다. 내적인 기록의 수호자들, 흔히 카르마의 천사들이 영혼의 안전성을 위해 그런 전생의 기록들을 지키고 있습니다.

그러나 고차원적인 지각의 문이 열리면 우리는 지구상의 일반적인 삶의 기록을 볼 수 있습니다. 그러한 우주적 역사의 수준에 기록된 집단적인 앎과 체험은 공동의 재산이기에 그 기록들을 보는 것은 개인의 프라이버시 침해와는 무관한 활동입니다. 그런 수준에서 누군가의 전생을 알아보고자 한다면 지구상에 남겨진 위대한 생명의 기록 흐름 속에서 그 사람의 자취를 찾아내야 합니다. 하지만 탐색 자체가 완벽하게 이루어질 수는 없으며 곧잘 실수가 있게 마련입니다.

이를테면 나는 그런 탐구를 통해 영화 〈다이하드〉에 나온 남자 배우 브루스 윌리스가 남북 전쟁 당시 이름을 날린 배우였던 유니어스 부루터스 부스라는 사실을 알아냈습니다. 하지만 나중에 추가로 조사해 보니 브루스 윌리

스는 부스 본인이 아니라 그의 아들이었습니다. 이러한 실수는 우주라는 수준에서 전생사를 탐구할 때 흔히 있는 일입니다.

그렇다면 우주심의 기록과 접촉할 수 있는 능력은 어떻게 얻어질까요?

그것은 제3의 눈 즉, 영안을 계발하는 과정에서 부산물로 얻을 수 있는 성과이며, 제3의 눈이 열리는 것은 영적으로 성숙해 가는 과정이기도 합니다.

생명의 기억은 의식의 모든 차원에 존재합니다. 하지만 참다운 전생의 기록과 연결되기 위해서는 높은 의식 수준에 있는 우주심의 기록에 접근할 필요가 있는데, 이는 곧 자신 안에 있는 불멸의 기억력에 접근하는 것이기도 합니다. 이에 관한 구체적인 방법은 앞에서 이야기한 《유명한 사람들의 전생 이야기》에 기술해 놓았으니 그 책을 참조하기 바랍니다.

그리고 **전생 탐구를 통해 어떤 사실을 깨닫든 그것은 자신의 성공적인 노력의 결과가 아닌 우주의 선물임을 명심하십시오**. 최소한 내 경험으로는 그랬습니다. **사랑이야말로 인간과 신불을 이어 주는 연결 고리이며, 우주의 문을 여는 열쇠입니다.**

윤회와 윤회의 목적은 무엇인가

뭔가를 선택하고 지혜로운 삶을 살기 위해서는 정보가 있어야 합니다. 그리고 제대로 된 선택을 하기 위해 자신과 자신의 삶을 제대로 알고 있어야 합니다. 윤회를 설명하기 위해 우주론이나 세계론까지 펼치고 싶지는 않습니다. 누군가 말하지 않았던가요? "너 자신을 알라"라고.

전생의 기억을 되찾자는 말은 곧 보다 완전한 의식을 되찾자는 말입니다.
알다시피 우리는 뇌의 극히 일부분만 사용하고 있습니다. 그런 의미에서 전생 회상은 기억을 되살리고 의식을 완전히 깨우는 운동의 일부입니다. 자신의 기억을 되찾고 의식을 완전히 깨우는 길에 바로 전생의 기억이 있습니다. 환상이든 진실이든 그 속에는 우리를 새로운 앎과 깨달음으로 이끌어 주는 길이 놓여 있는 것입니다.

그렇다면 윤회란 무엇일까요? 알다시피 윤회란 인간의 의식이나 영혼이 죽음 이후에 이 세상에 다시 태어나 성장할 수 있는 새로운 기회를 부여받는다는 이론입니다. 이 이론에 따르면 우리는 때로는 남자였다가 여자였고, 온갖 인종과 사회 계급을 전전했고, 갖가지 선악의 상태를 경험합니다. 또 때로는 사람들을 해방시키기도 했고, 때로는 사람들을 노예로 사고 팔기도 했습니다.

윤회적인 시각에서 보면 행동 자체보다는 그것의 진정한 동기와 그로부터 얻은 배움과 영적 성장이 더욱 중요합니다. 그래서 윤회를 공부하고 전생을 알면 알수록 자신의 생각과 행동, 동기가 어떤 결과를 가져올지 더욱 더 절실히 자각하게 됩니다. 그리고 그런 사실을 자각할수록 아름답고 바람직한 미래를 만들고자 하는 마음은 더욱 강렬해집니다.

죽음을 두려워하던 사람들이 처음 이 진실을 접하면 거듭거듭 삶을 영위

할 수 있다는 사실에서 크나큰 위안을 얻습니다. 그리고 이해와 앎이 깊어질수록 배움과 성장을 가속화시켜 어서 빨리 삶과 죽음의 굴레에서 벗어나야겠다는 열망이 커집니다.

다시 말해 **윤회의 목적은 진화하는 무한 영혼으로서 천부의 권리를 이해하고 되찾는 데 있습니다.** 자신의 참된 본질을 깨닫고 스스로 온갖 제약에서 벗어나 자기 행동에 대해 완벽하게 책임지게 될 때, 더 이상 이 지상에 육체적으로 태어나 공부할 필요가 없어집니다.

카르마의 세 가지 본질

그렇다면 우리는 대체 윤회를 통해 무엇을 배워야 할까요?

이 질문에 대한 해답을 찾기 위해서는 소위 카르마라는 것을 생각해 보아야 합니다. 산스크리트에서 카르마는 '행동'이라는 의미를 가집니다. 즉 카르마의 원리는 과거의 행동이 현재의 경험에 반영되는 것이라고 볼 수 있습니다. 모든 사람이 스스로 카르마를 만들고 스스로 그 결과를 거두어들입니다.

우리는 과거의 행위나 마음가짐을 통해 현재 겪을 일을 결정하며 자유 의지로 그 일에 대한 반응을 결정합니다. 자유 의지란 생각, 느낌, 행동과 관련한 자신의 선택입니다. 우리는 자유 의지를 통해 카르마를 만들거나 청산합니다.

불가항력적인 변화나 사건을 겪는 것처럼 보일 때가 더러 있습니다. 하지만 대부분의 경우, 그것은 이 세상에 태어나기 전에 다른 차원에서 자기 자신이나 다른 영혼들과 특정한 경험을 하기로 합의한 결과입니다. 우리는 교훈을 배우고 카르마의 균형을 이루며 이전 업적을 즐기고 영적 성장과 깨달음을 얻기 위해 스스로 모든 경험을 창조하고 결정합니다.

다시 말해 **운명은 때가 되었을 때 표면화된 자신의 자유 의지입니다. 우연이나 사고란 있을 수 없습니다.** 사고처럼 보여도 그 속에는 나름대로 당신 자신의 목적이 깃들여 있습니다. 모든 일에는 이유가 있는데 **카르마는 본질적으로 세 가지 측면을 갖고 있습니다.**

그중 **첫 번째 측면은 지속성**입니다. 우리가 배운 것들, 계발해 온 재능들, 타인과 어울리면서 쏟아 온 정성들에는 일정한 타성이 붙습니다. 다시 말해 우리의 개인적인 특징, 재능, 관심사, 능력 따위는 모종의 상황으로 인해 우리 스스로 그것들을 바꾸기로 결정하기 전까지는 생에서 생을 되풀이하며 지속되는 경향이 있습니다.

두 번째 측면은 결과성입니다. 시행착오를 통해 교훈을 얻기 위해서는 어리석거나 파괴적인 선택의 결과를 선택자 자신이 경험해야 하는 것입니다. 건설적이며 긍정적인 선택은 역시 건설적이며 긍정적인 결과를, 부정적이며 파괴적인 선택은 역시 부정적이며 파괴적인 결과를 초래함으로써 똑같은 실수를 반복하지 않도록 합니다.

세 번째 측면은 균형성입니다. 우리는 성장의 균형을 이루기 위해 생에서

생을 거듭나며 서로 상반되고 극단적인 경험을 합니다. 예를 들어 한때는 남성이었다가 또 한때는 여성으로 태어나는 식으로 말입니다.

위대한 삶으로 나아가는 길

그럼 전생 탐구의 이로운 점은 무엇일까요?

그것은 사람마다 다릅니다. 어떤 사람은 자신이 전생에 음악가였음을 발견하고 현재 가슴속에 품고 있는 작곡에 대한 열망이 아무 근거 없는 공상이 아님을 깨닫고 자신의 삶을 새롭게 꾸려 갈 수 있을 것입니다. 또 어떤 사람은 자신이 전생에 많은 사람을 해쳤다는 사실을 알고는 현재 자신이 처한 육체적 어려움을 당연한 것으로 받아들여 마음속에서 비통해하고 비참해하는 온갖 부정적인 감정을 버릴 수도 있습니다.

전생 탐구는 반드시 이상상의 확립과 병행되어야 합니다. 가치관의 혼란과 의심 속에서 갈피를 잡지 못하고 방황하면서 사는 것이 우리 인간입니다. 이런 상태를 방치한 채 전생을 탐구하여, 이를테면 현재 적대감을 불러일으키는 사람이 전생에 자신의 라이벌이었음을 발견한다면 그 자체로는 아무런 유익도 거둘 수 없습니다. 이런 상태에서는 자신의 모든 지식과 지혜를 모아 자신만의 영적 이상상(이타적 사랑, 조화 등)을 확립하여 현실 속에 실천하는 자세가 필요합니다.

앞의 경우에서는 명상과 철학적 탐구, 이성적 추론을 통해 사랑과 이해만

이 자신이 유일하게 갈 길임을 깨달아 전생의 패턴을 극복하고 서로 이해하고 돕는 길을 선택했을 때, 비로소 전생 탐구도 진정한 가치를 지닐 수 있습니다.

카르마란 기억일 뿐이며 전부 마음의 작용에 불과합니다. 따라서 우리는 오늘 이 순간부터라도 자신의 의식을 스스로 프로그래밍하여 보다 위대한 삶의 길을 걸어가야 합니다. 자기 프로그래밍에는 두 가지가 있습니다.

첫 번째는 카르마적 프로그래밍인데, 이것은 스스로 운명의 주인이 되지 못하고 숱한 시행착오를 반복하는 고통스런 삶의 방식입니다. 뜨거운 난로에 한 번 손을 덴 것으로 충분치 않아 수십 번씩 손을 덴 후에야 다시는 난로에 손을 대지 않는 삶처럼 말입니다.

자기 프로그래밍의 또 하나는 스스로 운명의 주인이 되는 방식입니다. 이것은 자신이 원하는 것을 결정하고 잠재의식이 그것을 성취하도록 의식적으로 프로그래밍하는 방식입니다.

당신은 지금 이 순간 과거를 버리고 부정적인 카르마를 극복할 힘을 갖고 있습니다. 변화에는 시간이 필요하지만 지금 이 순간이야말로 변화를 시작할 때입니다. 자신에게 물어 보십시오.

'나는 부정적인 카르마를 진정으로 버리고 싶은가? 목표를 위해 열심히 일하고 싶은가? 아니면 삶이 흘러가는 대로 이리 부딪치고 저리 부딪치면서 살겠는가?'

진정으로 새로운 현실을 창조하고 싶다면 그렇게 할 수 있습니다. 이 진실에 동의하고도 실천하지 않는다면 삶이 자신을 속이고 있다고 더 이상 불평하지 마십시오. 그러한 삶을 결정한 사람도 자신이요, 그것을 변화시키지 않고 내버려 둔 사람도 자신이니 말입니다. 아무리 미운 사람이 있어도 '나는 당신을 사랑합니다. 당신에게 사랑을 보냅니다'라는 생각을 하십시오. 그러다 보면 부정적인 생각은 사라지고 당신의 잠재의식에는 오직 긍정적인 생각만 입력될 것입니다.

대우주의 위대한 사랑으로 돌아가자

이렇게 **자신의 이상을 실천하다 보면 전생 탐구는 자신을 책임지는 도덕적이며 이타적인 삶으로 이어질 것입니다.** 왜냐하면 자신의 기억을 거슬러 올라가는 것은 곧 자신의 근원을 찾는 운동이며, 인간의 근원이란 바로 비이기적이며 우주적인 사랑이기 때문입니다.

에드가 케이시는 본래 생명의 근원에 대한 반란 즉 합일이 아닌 분리, 이타성이 아닌 이기성으로 인해 영혼이 물질 세계에 구속된 것이라고 말했습니다. 에고의 시작이 곧 타락이요, 생명으로부터의 이탈입니다. 따라서 전생을 탐구하며 자신이 나아가야 할 길을 찾다 보면 "네 원수를 사랑하라"라는 절대적 이타성의 참된 의미를 깨닫게 됩니다.

또 에드가 케이시는 생명의 본질, 말하자면 우주적 어버이에 대한 불신은 두려움을 낳고 두려움은 미움을 비롯한 온갖 이기적이며 부정적인 감정을 낳는다는 말도 했습니다.

사랑의 본질은 주는 것이기에 아낌없이 주고 또 줍니다. 설령 상대가 자신에게 해를 끼친다 하더라도 아낌없이 자신을 내주는데, 바로 이것이 부처와 예수가 걸어갔던 길입니다. 이러한 마음가짐을 받아들이지 않는 한 우주의 본질로 돌아가는 것이나 전생의 기억을 되살려 자신의 참된 성장을 도모한다는 것은 그림의 떡일 수밖에 없습니다.

다시 말하지만 카르마는 일종의 기억으로서 우리가 자유 의지로 언제든지 벗어날 수 있는 굴레입니다. 따라서 **과거 혹은 전생의 기억을 되찾아 문제의 원인을 깨닫고 인식하는 것만으로도 오랫동안 자신을 괴롭혀 온 심리적·정서적 굴레에서 벗어날 수 있습니다.** 자신이 갚아야 할 무거운 업보는 자신의 뜻을 우주적 어버이의 본뜻과 일치시킨다면 얼마든지 비켜 나갈 수 있는 것들입니다.

"눈에는 눈, 이에는 이"의 법칙은 결코 카르마의 존재 이유가 아닙니다. 카르마 역시 우주의 위대한 사랑이 베푼 선물입니다. 따지고 보면 죽음조차 일시적인 장난감에 매달리지 말라는 우주적 어버이의 깊은 사랑에서 우러나온 장치들입니다.

생각해 보십시오. 카르마가 없다면, 죽음이 없다면 우리는 자신의 이기적인 행태를 지속하며 육신의 온갖 환경들에 집착한 채 천년만년 살아갈 것이 아닙니까? 다시 한 번 말하지만 우리에게 일어나는 모든 일은 결코 우연이 아닙니다.

또한 **우리에게 적용되는 카르마의 법칙은** 사실상 형벌의 법칙이 아닌 **은 총의 법칙이요, 우주적 사랑으로 나오라는 대우주의 초대장입니다.**

우리는 이 우주적 어버이를 믿어야 합니다. 우주의 본질은 사랑이며, 사랑이 곧 법이기 때문입니다. 우주적 어버이는 죽음과 환생을 통해서 우리에게 집착을 버리고 새 출발을 할 수 있는 기회를 거듭거듭 제공합니다. 지구에 집착하는 기회가 아니라 미망의 눈을 버리고 대우주의 위대한 사랑으로 돌아갈 수 있는 기회 말입니다. **이타적이며 우주적인 사랑과 참된 깨달음이 여러분을 기다리고 있습니다.**

이 글은 《유명한 사람들의 전생 이야기》(도솔출판사 간행)의 저자 데이비드 벵슨이 이 책을 위해 특별 기고한 것입니다.

설 교수가 안내하면 혼자서도
전생 가기 참 쉽다
지은이/설기문

기획/이준호
편집부 차장/민성원
편집부/임정연 · 한순복

마케팅/신재우
업무 관리/최희은

인쇄 · 제본/상지사

1판 1쇄 발행일 / 2000년 7월 26일
1판 4쇄 발행일 / 2000년 8월 15일

발행처/도서출판 도솔
발행인/최정환

등록 번호/제1-867호
등록 일자/1989년 1월 17일

서울특별시 종로구 낙원동 280-4 건국빌딩1-305호
우편번호 110-320, 전화 738-0931 · 2
팩시밀리 720-3469
E-mail/dosol511@chollian.net

저작권자 ⓒ 2000, 설기문
이 책의 저작권은 저자에게 있습니다. 서면에 의한 저자의
허락 없이 내용의 일부를 인용하거나 발췌하는 것을 금합니다.

값은 표지에 있습니다.
ISBN 89-7220-090-5 03810

육체가 없지만 나는 이 책을 쓴다

육체 없이 책을 쓴다는 게 가능한 일일까?

우리는 죽음 직후 어디에서 무엇을 하게 될지
내 전생과 내생은 우주 속에서 어떻게, 어떤 모습으로 존재하는지
내 주변을 맴돌고 있는 친구나 가족의 영혼과 만나는 방법은 무엇인지
존재의 숨겨진 의미와 무궁한 생명력에 대하여
새로운 차원에서 해석하고 친절하게 안내해 준다.

제인 로버츠 지음 / 서민수 옮김 / 312쪽 / 값 8,500원

유명한 사람들의 전생 이야기

역사의 수수께끼가 밝혀진다.

역사는 왜 자꾸 비슷하게 되풀이될까?
그 사람들이 유명하게 된 까닭은?
성공한 인생이었음에도 그들은 왜 온전하게 살지 못했을까?
유명한 사람들의 전생 속에는 우리가 풀지 못한
삶과 역사의 수수께끼가 고스란히 담겨 있다.

데이비드 벵슨 지음 / 서민수 옮김 / 372쪽 / 값 7,900원